SUBHASHISH DEY

Eliminação dos fluoretos da água de síntese através de vários métodos

SUBHASHISH DEY

Eliminação dos fluoretos da água de síntese através de vários métodos

Estudo experimental

ScienciaScripts

Cover image: www.ingimage.com

This book is a translation from the original published under ISBN 978-620-8-06551-5.

Publisher:
Sciencia Scripts
is a trademark of
Dodo Books Indian Ocean Ltd. and OmniScriptum S.R.L publishing group

120 High Road, East Finchley, London, N2 9ED, United Kingdom
Str. Armeneasca 28/1, office 1, Chisinau MD-2012, Republic of Moldova, Europe
Printed at: see last page
ISBN: 978-620-8-18438-4

Conteúdo

RESUMO

A água é um recurso natural essencial para a manutenção da vida. A água não é certamente gratuita em todo o lado. Os fluoretos presentes na água potável podem ser benéficos ou prejudiciais, dependendo da sua concentração e da quantidade total ingerida. O flúor é benéfico, especialmente para crianças pequenas, para a calcificação do esmalte dentário abaixo dos oito anos de idade, quando presente dentro dos limites permitidos de 1,0-1,5 mg/L. Um excesso de fluoreto na água potável causa fluorose dentária e/ou fluorose esquelética. As normas indianas para a água potável recomendam uma concentração de flúor aceitável de 1,0 mg/L e uma concentração de flúor admissível de 1,5 mg/L em águas potáveis.

Foram recolhidas amostras de águas subterrâneas de diferentes localidades dos distritos de Sonbhadra entre abril e julho de 2014. As amostras recolhidas foram analisadas no laboratório ambiental do Departamento de Engenharia Civil. Conhecer a localização de fluoreto, pH, alcanidade e dureza na área de estudo, bem como avaliar o desempenho das unidades de remoção de fluoreto da U.P. Jal Nigam nos distritos de Sonbhadra.

A fim de remover a concentração de fluoreto da amostra contaminada, foram preparadas em laboratório as nanopartículas de óxido de ferro e hidróxido e as amostras de água contaminada com fluoreto.

As nanopartículas de óxido de ferro e hidróxido de ferro devem ser excelentes na remoção de fluoreto. As nanopartículas preparadas foram caracterizadas por difração de raios X em pó e por microscopia eletrónica de canhão. As nanopartículas preparadas foram capazes de remover o flúor da água contaminada. Finalmente, os efeitos do pH, da alcanidade e da dureza na concentração de fluoreto nas águas subterrâneas. Uma amostra recolhida foi observada no laboratório para obter os efeitos na concentração de fluoreto na água subterrânea da área de estudo.

Capítulo 1

INTRODUÇÃO

1.1. GERAL

Em 26 de junho de 1886, ocorreu um grande avanço quando Henri Moissan, professor de química, isolou um gás amarelo pálido, altamente tóxico e reativo, ao eletrolisar uma solução arrefecida de fluoreto de hidrogénio de potássio em ácido fluorídrico anidro num aparelho totalmente em platina na École Superieure de Pharmacie e na Sorbonne, Paris. Moissan resolveu assim um dos mais difíceis desafios químicos do seu tempo, um feito que foi reconhecido em 1905 com a atribuição de um Prémio Nobel.

^{thth}No final do século XIX e início do século XX, o flúor era geralmente considerado como uma mera curiosidade de laboratório. O próprio Moissan tinha sérias dúvidas de que a sua descoberta pudesse alguma vez ter utilidade prática. A década de 1920 marcou uma nova área na química do flúor e foram descobertas muitas aplicações úteis que tornaram o elemento indispensável à indústria moderna.

1.1.1. Propriedades do flúor

No estado livre, é um gás amarelo pálido com um odor pungente e irritante. Ao arrefecer, condensa-se num líquido que ferve a -180 °C e, ao continuar a arrefecer, congela-se num sólido que funde a -220 °C. Estima-se que o flúor seja o 13th elemento mais abundante na crosta terrestre.

O flúor elementar existe como uma molécula diatómica (constituída por dois átomos numa molécula) com uma energia de dissociação notavelmente baixa (38 kcal/mol). Consequentemente, é altamente reativo e tem uma forte afinidade para se combinar com outros elementos e produzir compostos chamados fluoretos.

Sendo o mais eletronegativo de todos os elementos conhecidos, o flúor é o agente oxidante mais forte jamais conhecido. Quando o flúor líquido se combina com o hidrogénio, a reação produz uma temperatura de 4700 °C, que é ainda mais quente do que a obtida pela combustão do hidrogénio atómico em presença de oxigénio (4200 °C).

1.1.2. Fluoreto e tecidos biológicos

O flúor, sendo um elemento eletronegativo e tendo uma carga negativa (F^-), é atraído por todos os iões de carga positiva, como o cálcio (Ca^{++}). Os ossos e os dentes, que possuem a maior quantidade de cálcio no organismo, atraem a quantidade máxima de flúor, que se deposita sob a forma de cristais de fluoro apatite de cálcio. Ao mesmo tempo, num determinado local do mesmo tecido, o cálcio não ligado perde-se por razões desconhecidas.

É importante compreender que o flúor causa uma série de efeitos nocivos. Cada um destes efeitos nocivos pode ser atribuído ao efeito do flúor nas enzimas ou proteínas, bem como ao seu possível efeito na própria molécula de ADN.

Embora uma quantidade considerável de flúor fique ligada aos tecidos do corpo, alguma quantidade pode ser excretada através do suor, da urina e das fezes. A extensão da excreção é determinada pelo nível de diferentes hormonas e pela eficiência da função renal, pela idade do indivíduo, pelo estado nutricional, pelas condições climáticas, etc.

1.1.3. Ocorrência de fluoreto

O flúor é um anião do elemento químico fluoreto, que pertence ao grupo dos halogéneos. O flúor tem um efeito atenuante significativo contra a cárie dentária se a concentração for de aproximadamente 1 mg/L.

O consumo a longo prazo de concentrações mais elevadas pode causar fluorose dentária e, em casos extremos, até fluorose esquelética. O valor de referência da OMS para o fluoreto na água potável é de 1,5 mg/L (OMS, 2004). Acima de 1,5 mg/L, podem ocorrer manchas nos dentes num grau censurável. Concentrações entre 3 e 6 mg/L podem causar fluorose esquelética. O consumo continuado de água com níveis de fluoreto superiores a 10 mg/L pode resultar em fluorose incapacitante. De acordo com a norma IS: 10500-1991, o limite máximo admissível de fluoreto na água potável é de 1,0 mg/L e 1,5 mg/L é a causa de rejeição na ausência de fontes alternativas. As elevadas concentrações de fluoreto são especialmente críticas nos países em desenvolvimento, principalmente devido à falta de infra-estruturas adequadas para o tratamento.

Nas águas subterrâneas, a concentração natural de fluoreto depende das caraterísticas geológicas, químicas e físicas do aquífero, da porosidade e acidez do solo e das rochas, da temperatura, da presença de outros elementos químicos e da profundidade do aquífero.

Devido ao grande número de variáveis, as concentrações de flúor nas águas subterrâneas (no Quénia, na África do Sul, na Índia e noutros locais do mundo) podem variar entre menos de 1 mg/L e mais de 35 mg/L.

1.2. FACTORES QUE AFECTAM AS CONCENTRAÇÕES NATURAIS DE FLUORETO

A concentração natural de fluoreto nas águas subterrâneas depende de vários factores, incluindo a geologia, o tempo de contacto, o clima e a composição química das águas subterrâneas.

1.2.1. Geologia

Durante a meteorização e a circulação da água nas rochas e nos solos, o flúor pode ser lixiviado e dissolver-se nas águas subterrâneas e nos gases térmicos. O teor de flúor das águas subterrâneas varia muito, dependendo das condições geológicas e do tipo de rochas. Os minerais mais comuns que contêm flúor são a fluorite, a apatite e as micas. Assim, os problemas relacionados com o flúor tendem a ocorrer em locais onde estes minerais são os mais abundantes nas rochas hospedeiras. As rochas ígneas e vulcânicas têm uma concentração de fluoreto de 100 ppm (ultramáficas) até >1000 ppm (alcalinas) (Frencken, 1992). Em geral, o flúor acumula-se durante os processos de cristalização magmática e de diferenciação do magma. Consequentemente, o magma residual é frequentemente enriquecido em flúor. As águas subterrâneas de rochas cristalinas, especialmente granitos (alcalinos) (deficientes em cálcio) são particularmente sensíveis a concentrações relativamente elevadas de flúor. Tais rochas são encontradas especialmente em áreas de subsolo pré-cambriano.

O flúor, que não pode ser incorporado na fase cristalina durante a cristalização e diferenciação dos magmas, será acumulado em soluções hidrotermais. Estes fluidos podem formar depósitos e veios hidrotermais de fluorite. O transporte de flúor nestas soluções aquosas é controlado principalmente pela solubilidade do CaF2 (Allmann et al, 1974). Além disso, da série vulcânica, os vulcões alcalinos, típicos de um rift continental (África Oriental), ponto quente, margem continental (Andes). As rochas sedimentares contêm uma concentração de fluoreto de 200 ppm (calcário) até 1000 ppm (xisto) (Frencken et al, 1992).

Nas rochas sedimentares carbonatadas, o flúor é encontrado como fluorita. Os sedimentos clásticos têm concentrações de flúor mais elevadas, uma vez que o flúor está concentrado em micas e ilites nas fracções argilosas. Também podem ser encontradas concentrações elevadas em leitos sedimentares de fosfato (dentes de tubarão) ou em camadas de cinzas vulcânicas
(Frencken et al, 1992).

As rochas metamórficas podem conter um teor de flúor de 100 ppm (metamorfismo regional) a mais de 5000 ppm (metamorfismo de contacto). Nestas rochas, os minerais originais são enriquecidos com flúor por processos metassomáticos (Frencken et al, 1992).

1.2.2. Tempo de contacto

A concentração final de fluoreto nas águas subterrâneas depende em grande medida dos tempos de reação com os minerais do aquífero. Podem acumular-se elevadas concentrações de fluoreto nas águas subterrâneas que têm longos tempos de residência nos aquíferos. Estas águas subterrâneas estão normalmente associadas a sistemas aquíferos profundos e a um movimento lento das águas subterrâneas.

Os aquíferos pouco profundos que contêm água da chuva recentemente infiltrada têm normalmente baixo teor de fluoreto. As excepções podem ocorrer em aquíferos pouco profundos situados em áreas vulcânicas activas afectadas por alterações hidrotermais. Nestas condições, a solubilidade da fluorite aumenta com o aumento da temperatura e o fluoreto pode ser adicionado por dissolução do gás HF (Frencken et al, 1992).

1.2.3. Clima

As regiões áridas são propensas a elevadas concentrações de fluoreto. Aqui, o fluxo das águas subterrâneas é lento e os tempos de reação com as rochas são, portanto, longos. O teor de fluoreto da água pode aumentar durante a evaporação se a solução permanecer em equilíbrio com a calcite e se a alcalinidade for superior à dureza. A dissolução dos sais evaporativos depositados na zona árida pode ser uma fonte importante de fluoreto. O aumento de fluoreto é menos pronunciado nos trópicos húmidos devido à elevada precipitação e ao seu efeito diluidor na composição química da água subterrânea (Frencken et al, 1992).

1.2.4. Composição química das águas subterrâneas

As águas subterrâneas com elevado teor de fluoreto estão principalmente associadas a um tipo de água de bicarbonato de sódio e a concentrações relativamente baixas de cálcio e magnésio. A informação sobre a composição química das águas subterrâneas pode ser utilizada como um indicador (proxy) de potenciais problemas de fluoreto. A formação de águas ricas em fluoreto é descrita por Frencken et al., (1992).

1.2.5. Normas internacionais para a água potável

Em muitas regiões áridas, a água potável é um bem tão escasso que os governos se viram obrigados a estabelecer normas mais exigentes para poderem dispor de água potável.

1.3. CENÁRIO MUNDIAL

A Fig. 1.1 mostra as regiões geográficas onde o flúor é detectado nas águas subterrâneas ou superficiais num relatório publicado pelo Centro Internacional da Água e do Saneamento.

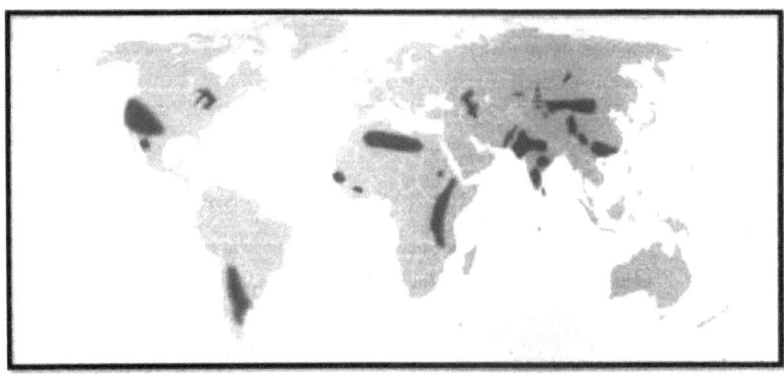

Fig. 1.1: Regiões afectadas pelo flúor no mundo

Na Índia, certas partes dos Estados de Andhra Pradesh, Bihar, Chhattisgarh, Haryana, Karnataka, Madhya Pradesh, Maharashtra, Orissa, Punjab, Rajasthan, Tamil Nadu, Uttar Pradesh e Bengala Ocidental são afectadas negativamente pela contaminação da água com flúor. Isto envolve cerca de 9000 aldeias que afectam 30 milhões de pessoas (Nawalakhe e Paramasivam, 1993). O teor de fluoreto da água em algumas aldeias é apresentado no Quadro 1.1.

Deve notar-se que o problema do excesso de fluoreto na água potável é de origem recente na maior parte das regiões. A escavação de aquíferos pouco profundos para irrigação resultou na diminuição dos níveis de água subterrânea. Como resultado, são utilizados aquíferos mais profundos, e a água destes aquíferos contém um nível mais elevado de fluoreto (Gupta e Sharma, 1995).

Tabela 1.1: Concentração de fluoreto na água em diferentes locais na Índia

Aldeia	Concentração de fluoreto (mg*)* L)	Referência
Sheshpur (Gujarat)	6.2	Bulusu&Nawalakhe, 1992
Fazilpur (Haryana)	2.5	Bulusu&Nawalakhe, 1992
Bellary (Karnataka)	4.25	Conselho Central de Águas Subterrâneas, 1997
JatoWaliDhani (Rajastão)	7.2	Engenharia de saúde pública, Rajasthan, 1997

1.4. Objectivos do presente trabalho

Este trabalho teve os seguintes objectivos:

J Avaliar a concentração de fluoreto nas águas subterrâneas do distrito de Sonbhadra.

J Avaliar o desempenho das unidades de remoção de fluoreto criadas pela U. P. JalNigam no distrito de Sonbhadra.

J Estudar o efeito de vários parâmetros físicos e químicos da qualidade da água na concentração de fluoreto nas águas subterrâneas.

1.5. Organização da dissertação

O trabalho desenvolvido nesta dissertação foi organizado em cinco capítulos, como se resume de seguida:

Chapter 1- A Introdução; detalhes do trabalho destacando as suas necessidades e importância são dados e os objectivos do trabalho e organização da dissertação foram incluídos.

Chapter 2- A revisão da literatura: Discute a contaminação por fluoreto das águas subterrâneas e o efeito de outros parâmetros físicos e químicos da qualidade da água na concentração de fluoreto, incluindo os métodos de deteção e os vários métodos de remoção.

Chapter 3- Materiais e métodos: Trata dos materiais e métodos utilizados durante a experimentação na avaliação e remoção de fluoreto e de vários parâmetros de qualidade da água subterrânea.

Chapter 4- Este capítulo apresenta a análise dos dados, os resultados, a discussão e as conclusões do presente estudo.

Chapter 5- Neste capítulo, são apresentados os resultados e as conclusões do estudo.

Chapter 6- **Âmbito do trabalho futuro.**

Refere-se a uma possível extensão deste trabalho.

Capítulo 2

REVISÃO DA LITERATURA

2.0 GERAL

Vários investigadores desenvolveram métodos de deteção de fluoretos que são combinados e apresentados neste capítulo. Inclui avanços recentes no domínio da deteção de fluoretos em diferentes partes do mundo. Este capítulo também descreve resumidamente os diferentes métodos aplicados para determinar a concentração de fluoreto em laboratório e a sensibilidade desses métodos. A determinação exacta do flúor tem vindo a ganhar importância com a prática crescente da fluoretação da água de abastecimento como medida de proteção da saúde pública. Uma concentração óptima de fluoreto é essencial para manter a eficácia e a segurança do processo de fluoretação. .

2.1. MÉTODOS DE DETECÇÃO DE FLUORETOS

Existem vários métodos de deteção de fluoreto em laboratório e no terreno. Entre os métodos sugeridos para a determinação do ião fluoreto (F^-) na água, os métodos colorimétrico e de eléctrodos são os mais satisfatórios. Dado que ambos os métodos estão sujeitos a erros devidos a iões interferentes, pode ser necessário destilar a amostra antes de efetuar a determinação. Quando os iões interferentes não estão presentes em excesso, a determinação de fluoreto pode ser feita diretamente sem destilação. Apresentam-se em seguida algumas das técnicas utilizadas para a deteção de fluoreto em laboratório:

2.2.1. Método colorimétrico

Bellack et al (1968) relataram uma determinação colorimétrica rápida de fluoreto com a solução SPADNS-zirconium Lake. Este método baseia-se na reação entre o fluoreto e um corante de zircónio. O fluoreto reage com o corante, dissociando uma parte do mesmo num anião complexo incolor ($ZrFe^{2-}$) e no corante. À medida que a quantidade de fluoreto aumenta, a cor produzida torna-se progressivamente mais clara.

A velocidade de reação entre o fluoreto e os iões de zircónio é largamente afetada pela acidez da mistura reacional. Se a cidade do reagente for aumentada, a reação pode ser quase instantânea. Nestas condições, o efeito dos diferentes iões difere do efeito do método convencional da alizarina. A seleção do corante para este método de determinação rápida de fluoreto é regida em grande parte pela tolerância resultante a estes iões.

Uma amostra sintética contendo 0,830 mg F /L e sem interferência em água destilada foi analisada pelo método SPADNS, com um desvio padrão relativo de 8% e um erro relativo de 1,2%. Após destilação direta da amostra, o desvio-padrão relativo foi de 11% e o erro relativo de 2,4%. Uma amostra sintética contendo 0,570 mg de F^-/L, 10 mg de Al/L, 200 mg de SO_4^{2-} L e 300 mg de alcalinidade total/L foi analisada em 53 laboratórios pelo método SPADNS sem destilação, com um desvio-padrão relativo de 16,2% e um erro relativo de 7%. Após destilação direta da amostra, o desvio-padrão relativo foi de 17,2% e o erro relativo de 5,3%. Uma amostra sintética contendo 0,680 mg F^-/L, 2mg Al/L, 2,5 mg (NaP0.3)6/L, 200mg SO_4^{2-} /L e 300mg alcalinidade total/L foi analisada em 53 laboratórios pelos métodos de destilação direta e SPADNS com um desvio padrão relativo de 2,8% e um erro relativo de 5,9% (Schouboe, 1968).

2.2.2. Método do elétrodo seletivo de iões

O elétrodo de fluoreto é um elemento sensor seletivo de iões no elétrodo de fluoreto é o cristal de fluoreto de lantânio dopado através do qual um potencial é estabelecido por soluções de fluoreto de diferentes concentrações. O cristal entra em contacto com a solução de amostra numa das faces e com uma solução de referência interna na outra. A célula pode ser representada da seguinte forma

Ag |AgCl, Cl^- (0,3M), F^- (0,001M) 1 LaF3 |test

O elétrodo de fluoreto mede a atividade iónica do fluoreto em solução e não a concentração. A atividade do ião fluoreto depende da força iónica total e do pH, bem como das concentrações de espécies complexantes de fluoreto. A adição de um tampão adequado fornece um fundo de força iónica quase uniforme, ajusta o pH e quebra os complexos para que o elétrodo possa medir a concentração correta (Frant e Ross, 1968).

Uma amostra sintética contendo 0,850 mg de F-/L em água destilada foi analisada em 111 laboratórios pelo método do elétrodo, com um desvio padrão relativo de 3,6% e um erro relativo de 0,7%. Uma segunda amostra sintética contendo 0,750 mg de F-/L, 2,5 mg de $(NaPO_3)_6$L e 300 mg de alcalinidade/L adicionada como $NaHCO_3$ foi analisada em 111 laboratórios pelo método do elétrodo, com um desvio-padrão relativo de 4,8% e um erro relativo de 0,2%. Uma terceira amostra sintética contendo 0,900 mg F-/L, 0,500 mg Al/L e 200 mgSO_4^{2-} /L foi analisada em laboratórios com um desvio padrão relativo de 2,9% e um erro relativo de 4,9% (Harwood, 1969).

2.2.3. Complexo um Método

Neste caso, a amostra é destilada nos sistemas automatizados e o destilado é reagido com o reagente azul de alizarina-flúor-lantânio para formar um complexo azul que é medido calorimetricamente a 620 nm. As interferências normalmente associadas aos fluoretos são removidas por destilação. Este método é aplicável a águas potáveis, superficiais e salinas, bem como a águas residuais domésticas e industriais. O intervalo do método, que pode ser modificado utilizando o colorímetro ajustável, é de 0,1 a 2,0 mg F-/L. Num único laboratório, foram analisadas em centuplicado quatro amostras de água natural contendo entre 0,40 e 0,82 mg F-/L. A precisão média foi de ±0,03 mg F-/L. Em duas das amostras, foram adicionados 0,20 e 0,80 mg F-/L. A recuperação média das adições foi de 98% (Weinstein, etal., 1963).

2.2.4. Análise por injeção de fluxo com elétrodo seletivo de iões

O fluoreto é determinado potenciometricamente utilizando uma combinação de elétrodo fluoreto-seletivo numa célula de fluxo. O elétrodo de fluoreto é constituído por um cristal de fluoreto de lantânio através do qual se pode desenvolver um potencial utilizando iões fluoreto. A célula de referência é uma célula Ag/AgCl/Cl^- . A junção de referência é do tipo anular de junção líquida e envolve o cristal sensível ao fluoreto. Dez réplicas de padrões de 2,0 mg F-/L deram uma percentagem de desvio padrão relativo de 0,5%.

Efeitos do flúor em toda a Índia

Em várias partes do mundo, enfrentam-se graves problemas devido à presença de uma elevada concentração de fluoreto na água potável, que provoca fluorose dentária e esquelética nos seres humanos e nos animais. As águas subterrâneas são a principal fonte de água doce na Terra. As águas subterrâneas que contêm iões dissolvidos para além do limite permitido são prejudiciais e não são adequadas para uso doméstico. O flúor para além das quantidades desejáveis (0,6 a 1,5 mg/L) nas águas subterrâneas é um problema grave em muitas partes do mundo. Cerca de 200 milhões de pessoas de 25 países correm riscos de saúde devido ao elevado teor de fluoreto nas águas subterrâneas (Ayoob e Gupta, 2006). Na Índia, também se registou um aumento da incidência de fluorose dentária e esquelética, com cerca de 62 milhões de pessoas em risco (Andezhath et al., 1999) devido à elevada concentração de fluoreto na água potável. A fluorose dentária é endémica em 14 estados e 1.50.000 aldeias na Índia, sendo o problema mais pronunciado nos estados de Andhra Pradesh, Bihar, Gujarat, Madhya Pradesh, Punjab, Rajasthan, Tamil Nadu e Uttar Pradesh (Pillai e Stanley, 2002). O fluoreto nas águas subterrâneas foi estudado no distrito de Guntur (SubbaRao, 2003), na bacia do rio Varaha (SubbaRao, 2008), no distrito de Ranga Reddy (Kumar et al., 1991) e no distrito de Nalgonda (Rao et al., 1993) de Andhra Pradesh, na Índia. Estudos anteriores no distrito de Nalgonda (Rao et al., 1993) indicaram concentrações de fluoreto até 20 mg/L.

2.3.1. Avaliação dos fluoretos

Foi efectuado um estudo para compreender o estado da qualidade das águas subterrâneas em Nalgonda e também para avaliar as possíveis causas da elevada concentração de fluoreto nas águas subterrâneas. Foram recolhidas amostras de 45 poços de 2 em 2 meses e analisadas quanto à concentração de fluoreto com a ajuda de um cromatógrafo de iões. A concentração de fluoreto nas águas subterrâneas desta região variou entre 0,1 e 8,8 mg/L, com uma média de 1,3 mg/L. Cerca de 52% das amostras recolhidas eram adequadas para consumo humano. No entanto, 18% das amostras tinham menos do que o limite exigido de 1,0 mg/L e 30% das amostras possuíam uma concentração elevada de fluoreto, ou seja, acima de 1,5 mg/L. A meteorização das rochas e a evaporação das águas subterrâneas são responsáveis pela elevada concentração de fluoreto nas águas subterrâneas desta área, para além das actividades antropogénicas, incluindo a irrigação, que acelera a meteorização das rochas (Brindha et al., 2010).

Foi também efectuado um estudo para determinar as variações sazonais da concentração de fluoreto nas águas subterrâneas de diferentes locais no distrito de Patan, na região de Gujarat do Norte. Foram recolhidas amostras de água de poços escavados e de estruturas de captação de água de locais selecionados durante diferentes estações do ano. As variações sazonais da concentração de fluoreto nas águas subterrâneas foram estudadas durante o período de dezembro de 2006 a novembro de 2007. O valor máximo de fluoreto foi registado durante o verão (maio-junho) e o mínimo durante o período pós-monção (setembro-novembro). A análise físico-química e microbiológica das águas subterrâneas foi efectuada utilizando métodos padrão de análise da água. Os parâmetros químicos testados foram o OD, a CBO, a CQO, o pH, a condutividade, o TDS, o nitrato, o nitrito, o sódio, o potássio, etc. Os valores de fluoreto variaram entre 1,88 ppm e 6,80 ppm no inverno, 1,89 ppm e 6,84 ppm no verão, 1,88 ppm e 6,84 ppm na Monção e 1,82 ppm e 6,81 ppm na Pós-Monção. O valor máximo foi observado durante o verão e o valor mínimo foi observado durante a pós-monção em quase todas as amostras de água subterrânea (Bhatt, 2010). A variação sazonal de fluoreto é apresentada na Fig. 2.1.

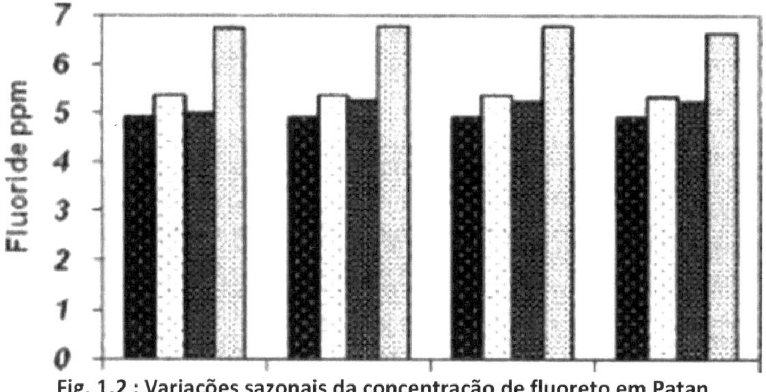

Fig. 1.2 : Variações sazonais da concentração de fluoreto em Patan

Foram também feitos esforços para descobrir o teor de fluoreto das águas subterrâneas do distrito de Jind, Haryana, e a sua relação com os factores determinantes da qualidade das águas de irrigação. Em março de 2004, foram recolhidas e analisadas 446 amostras representativas de água de poços tubulares de 62 aldeias de dois blocos do distrito de Jind, Haryana, para deteção de fluoreto e de vários outros parâmetros de qualidade da água. Os resultados analíticos indicaram variações consideráveis entre as amostras analisadas no que respeita à sua composição química. Os resultados mostraram que o teor de fluoreto destas águas variava de 0,33 a 13,0 mg L^{-1} com um valor médio de 2,08 mg L^{-1} no bloco de Julana e de 0,22 a 5,8 mg L^{-1} com um valor médio de 1,77ppm no bloco de PilluKhera, 55.4% das amostras de água testadas tinham teores de flúor superiores a 1,5 mg L^{-1} e, por isso, não eram adequadas para beber, apenas 1% das águas dos poços tubulares tinham teores de flúor superiores a 10 mg L^{-1} (Shahid et al, 2008).

Dezasseis estados da Índia, incluindo Andhra Pradesh, Bihar, Deli, Gujarat, Haryana, Jammu & Kashmir, Karnataka, Kerala, Madhya Pradesh, Maharashtra, Manipur, Orissa, Punjab, Rajasthan, Tamil Nadu e Uttar Pradesh, já foram identificados como endémicos em termos de fluorose (Mariappan et al., 2000). A contaminação por arsénico das águas subterrâneas em oito distritos de Bengala Ocidental está bem documentada e estão também a ser comunicados mais casos na parte oriental de Bihar, Sonbhadra, parte ocidental de Uttar Pradesh e Chattishgarh (Singh, 2006).

A cintura de formação intensiva da região ocidental de U.P., Haryana, Punjab e partes do Rajastão, Deli e Bengala Ocidental também contêm elevados níveis de N03 nas águas subterrâneas (Malve e Dhage, 1996). As informações sobre a qualidade da água no Nordeste da Índia são escassas. A literatura disponível mostra que as águas subterrâneas dos vales de Assam são altamente ferruginosas (Aowal, 1981; Singh, 2004). A presença de excesso de flúor e de casos endémicos de fluorose foi comunicada no ano de 1999 no distrito de Karbi-Anglong, em Assam, embora a doença fosse prevalecente nos últimos vinte anos. Posteriormente, devido aos testes intensivos da qualidade da água e aos inquéritos sanitários realizados, foi detectado um excesso de ferro e de fluoreto em cada vez mais áreas da região (Akoijam, 1981; Sushella, 2001). O problema do arsénico também foi detectado recentemente no Nordeste da Índia (Singh, et al., 2006). Foi realizado um estudo de investigação que ilustra a distribuição e a contaminação de arsénio, fluoreto, nitrato e metais pesados na água potável do Nordeste da Índia (A.K. Singh et al.2009) e os resultados do estudo são apresentados no

Quadro 2.1.

Quadro 2.1: Concentração de fluoreto em amostras de água dos estados do nordeste da Índia

Estado do NE	Fluoreto (mg/L)
Assam Não-Monção	 0.50-2.00
Pradesh do Arunachal Não-monção Monção	 0.90-2.00 0.68-1.85
Manipur Não-monção Monção	 ND-1,00 0,03-0,09
Meghalaya Não-monção Monção	ND -0,40 ND -0,05
Mizoram Não-monção Monção	 ND -0,10 ND 0,08
Nagaland Não-monção Monção	 ND -0,10 0,02-0,20
Sikkim Não-monção Monção	 0.01-0.60 0.03-0.12
Tripura Não-monção Monção	 ND -0,80 N.D.

*N.D. Abaixo do limite de deteção

Registaram-se enormes progressos nas infra-estruturas rurais de abastecimento de água após a criação da Missão Nacional de Água Potável de Rajiv Gandhi em 1986, mas o objetivo de fornecer água potável a todos ainda não foi alcançado. O aumento constante da população e as necessidades crescentes da agricultura e das indústrias resultaram na escassez de água. A nação enfrenta uma série de ameaças à gestão dos recursos hídricos. Este facto obriga a população rural e mesmo urbana a depender da água de tanques e poços tubulares locais e a consumir água não tratada para todos os fins. Para analisar os aspectos da qualidade da água e os problemas de saúde com ela relacionados, foram recolhidos e analisados os dados relativos à qualidade da água de nove Estados, nomeadamente (a) Jammu e Caxemira (J&K), (b) Himachal Pradesh, (c) Rajastão, (d) Haryana, (e) Bihar, (f) Bengala Ocidental, (g) Chhattisgarh, (h) Orissa e (i) Maharashtra, abrangendo quase toda a nação (Sharma, 2003). A análise de amostras de águas superficiais, subsuperficiais e termais indica que a concentração de fluoreto varia de < 0,2 a 18 ppm nos Estados de Jammu & Kashmir, <0,2 a 6,5 ppm em Himachal Pradesh, > 1,5 ppm em Rajasthan, 0,2 a 0.6 ppm em Haryana, 0,35 a 15 ppm em Bihar, uma média de 12 ppm em Bengala Ocidental, 15 a 20 ppm em Chhattisgarh, 8,2 a 13,2 ppm em Orissa e 0,7 a 6,0 em Maharashtra, indicando que, exceto em Haryana, a concentração de fluoreto é muito elevada, até 20 ppm. Os resultados da análise química da água estão resumidos no quadro

Tabela 2.2: Concentração média de fluoreto detectada na água de diferentes partes da Índia após (Sharma, 2003)

	1	2	3	4	5	6	7	B	5
Área Estado	Ladakh * I*"I	Manika correu Eu. iPrad).	B hitwar a (Raj.I	Solina {Haryan	Tanto (Bihar)	Tattapani (Chhatti^ar h)	Eakresh' ,", ' ar [W. Bengala)	Khudra [Orissa]	Unkesh er | Mahar. 1
Amostra	20	12	15	IO	И	25	Я)	50	65

NLB.										
Superfície			> 1.50		<kJS4			Я.2- 13.2	2.70-6
Subsurf ace	<0.2- 1E	<0.2 6.50		0.2-0.5			0.6-15.00		
Térmica						15.00-20.00			

Durante a última década, foram apresentados relatórios sobre a ocorrência de fluoreto nos recursos hídricos naturais e os riscos para a saúde associados ao consumo humano, provenientes de muitas partes da Índia. Com o objetivo de organizar um programa científico sistemático para compreender o comportamento do flúor nos recursos hídricos naturais em relação às condições hidrogeológicas e climáticas locais e à utilização agrícola, foi escolhida uma área típica que constitui a bacia inferior do rio Vamsadhara para um estudo pormenorizado (Rao, 1997).

Observou-se que as concentrações elevadas de fluoreto nas águas subterrâneas, que atingiram um máximo de 3,4 mg/L, estavam associadas a formações meteorológicas de anfibolitos piroxénicos e pegmatitos. As águas subterrâneas dos solos argilosos continham muito menos fluoreto do que as dos solos arenosos. O complexo padrão de deposição destes solos arenosos e argilosos desempenha um papel importante na distribuição espacial desigual do fluoreto nas águas subterrâneas. A contribuição de fluoreto das formações geológicas é muito maior do que a da agricultura: a produção máxima de fluoreto por fertilizante de superfosfato para a água de irrigação é de 0,34mg/L.

Prevê-se que a concentração de fluoreto aumente no futuro, uma vez que as águas subterrâneas estão sub-saturadas em relação à fluorite. Foi observada uma relação inversa entre F e Ca e relações positivas de F- com Na, HCO3, PO4 e condutividade eléctrica. As melhores relações foram obtidas no intervalo de fluoreto de 1,0-3,4 mg/L (Rao, 1997). A distribuição de frequência e os intervalos de ocorrência de fluoreto (F) durante os períodos pós-monção e pré-monção são apresentados na Fig. 2.2 (Rao, 1997).

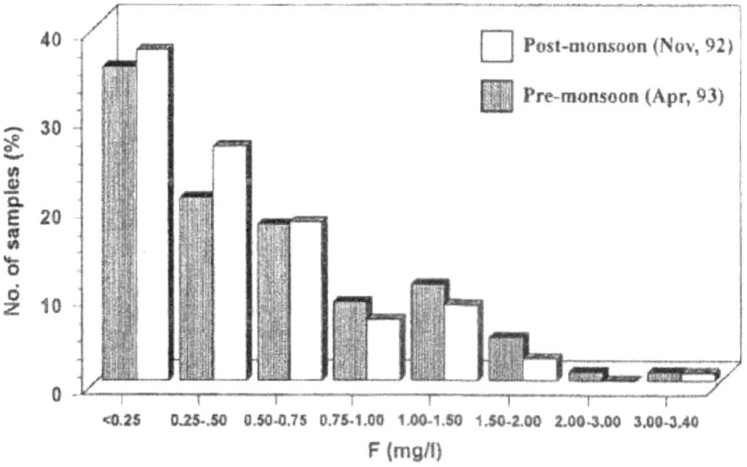

Fig. 2.1: Distribuição de frequências de fluoreto durante a pós-monção (novembro de 1992) e a pré-monção (abril de 1993)

Foi observado um perfil elevado de fluoreto nas águas subterrâneas em 4,6% da área geográfica (8900 km^2) do Karnataka. A incidência de níveis muito elevados de fluoreto verifica-se na faixa oriental e sudeste de Karnataka, abrangendo os distritos de Gulbarga, Raichur, Bellary, Chitradurga, Tumkur e Kolar, e está dispersa no resto de Karnataka. Este estudo incluiu 15 aldeias de cada um dos seis distritos acima referidos com níveis significativos de fluoreto. As concentrações de fluoreto variam de 1 a 7,4 mg/L. A ocorrência de fluoreto é muito esporádica e verificam-se diferenças acentuadas nas concentrações mesmo a distâncias muito curtas, por vezes inferiores a 2 ou 3 km.

A aldeia de Hathiguddur, no distrito de Gulbarga, registava um nível de fluoreto de 7,4 mg/L, enquanto que em Farhatabad se registava 5,75 mg/L. Nimbala registou 4,4 mg/L, enquanto noutras aldeias o nível era inferior a 3 mg/L. O distrito de Raichur regista níveis não permitidos de fluoreto em muitas aldeias. As aldeias de Gabbur e Lingasugu registam 5 mg/L, enquanto nas restantes aldeias os níveis variam entre 1,2 e 4 mg/L. O distrito de Bellary apresentou uma grande variedade de concentrações de fluoreto. As aldeias de Sanavaspur e Tekalakota têm 7,4 mg/L, enquanto Kurugodu e Verupayur têm apenas 0,95 mg/L. Os níveis de fluoreto são comparativamente baixos nos distritos de Chitradurga e Tumkur. Bommianapalya tem um nível elevado de 3,2 mg/L, enquanto no resto da aldeia os níveis variam entre 0,45 e 2,5 mg/L. As aldeias de Kolar têm níveis baixos comparáveis de fluoreto, variando de 1,5 mg/L a 3,4 mg/L (S. Suma Latha et al.).

O investigador dinamarquês KajRoholm publicou *Fluorine Intoxication* em 1937, que foi elogiado numa revisão de 1938 pelo investigador dentário H. Trendley Dean como "provavelmente a contribuição mais notável para a literatura sobre o flúor". Desde essa altura, a fluoretação da água pública tem sido amplamente implementada e tem sido aclamada como uma das maiores realizações médicas do século XX. Os efeitos da água subterrânea rica em flúor foram reconhecidos na década de 1990 (T.H. Dean, 1938).

2.3.2. Avaliação do fluoreto juntamente com outros parâmetros

A incidência de flúor acima dos níveis permitidos de 1,5 ppm ocorreu em 14 estados indianos, nomeadamente, Andhra Pradesh, Bihar, Gujarat, Haryana, Karnataka, Kerala, Madhya Pradesh, Maharashtra, Orissa, Punjab, Rajasthan, Tamil Nadu, Uttar Pradesh e Bengala Ocidental, afectando um total de 69 distritos, de acordo com algumas estimativas. Outras estimativas indicam que 65% das aldeias da Índia estão expostas ao risco de flúor. Foram comunicados níveis elevados de salinidade em todos estes Estados, exceto em Bengala Ocidental e também no NCT de Deli, afectando 73 distritos e três blocos de Deli. O teor de ferro acima do nível admissível de 0,3 ppm é encontrado em 23 distritos de 4 estados, nomeadamente Bihar, Rajasthan, Tripura e Bengala Ocidental e Orissa costeira e partes do vale de Agartala em Tripura.

Foram detectados níveis elevados de arsénico acima dos níveis admissíveis de 50 partes por bilião (ppb) nas planícies aluviais do Ganges, abrangendo seis distritos de Bengala Ocidental. A presença de metais pesados nas águas subterrâneas foi detectada em 40 distritos de 13 Estados, nomeadamente Andhra Pradesh, Assam, Bihar, Haryana, Himachal Pradesh, Karnataka, Madhya Pradesh, Orissa, Punjab, Rajasthan, Tamil "Nadu, Uttar Pradesh, Bengala Ocidental e cinco blocos de Deli. A poluição não pontual causada por fertilizantes e pesticidas utilizados na agricultura tem constituído uma grande ameaça para os ecossistemas de águas subterrâneas doces. A utilização intensiva de fertilizantes químicos nas explorações agrícolas e a eliminação indiscriminada de resíduos humanos e animais nos solos conduzem à lixiviação do nitrato residual, causando elevadas concentrações de nitrato nas águas subterrâneas. A concentração de nitratos é superior ao nível admissível de 45ppm em 11

Estados, abrangendo 95 distritos e dois blocos de Deli. O DDT, o BHC, o carbamato, o Endosulfan, etc. são os pesticidas mais utilizados na Índia. No entanto, a vulnerabilidade das águas subterrâneas à poluição por pesticidas e fertilizantes é determinada pela textura do solo, pelo padrão de utilização de fertilizantes e pesticidas, pelos seus produtos de degradação e pela matéria orgânica total do solo. A poluição das águas subterrâneas devido aos efluentes industriais e aos resíduos urbanos nas massas de água é outra grande preocupação em muitas cidades e aglomerados industriais da Índia. Um inquérito realizado em 1995 pelo Central Pollution Control Board identificou 22 locais em 16 estados da Índia como críticos para a poluição das águas subterrâneas, sendo a principal causa os efluentes industriais.

Um inquérito recente efectuado pelo Centro para a Ciência e o Ambiente em oito locais de Gujarat, Andhra Pradesh e Haryana revelou a existência de vestígios de metais pesados como o chumbo, o cádmio, o zinco e o mercúrio. Aquífero pouco profundo na cidade de Ludhiana, a única fonte de água potável, está poluído por um riacho que recebe efluentes de 1300 indústrias. (M. Dinesh Kumar e Tushaar Shah).

Aproximadamente um sexto de todos os americanos depende de um abastecimento de água subterrânea, que está continuamente ameaçado pelo aumento da procura e por fontes de contaminação. O projeto foi realizado em poços privados na subdivisão Ivy do Condado de Albemarle, Virgínia. A equipa Capstone concebeu o kit de teste que consiste num computador portátil para facilitar a utilização, sondas de teste de nitrato e pH disponíveis no mercado, interfaces USB compatíveis para as sondas, software concebido para funcionar com as sondas de teste e um recetor GPS portátil (Fig. 2.3.). O kit baseado num computador portátil pode ser expandido para acomodar sondas que possam ser desenvolvidas no futuro. (Garrick E. Louis, 2006).

Fig. 2.2: KIT DE TESTE PARA FLUORETO

O método matemático difuso foi utilizado para avaliar a qualidade das águas subterrâneas na aldeia de Yang, na China. A qualidade das águas subterrâneas de 18 aldeias pertence ao nível V (norma de qualidade GB/T14848-9 para águas subterrâneas) na área de estudo, onde a poluição da água é muito grave. A área poluída inclui principalmente a região de solos arenosos no nordeste da aldeia de Yang e as aldeias da margem leste do canal ocidental de Pequim-Hangzhou. A aldeia de Yinma tem águas de nível I (GB/T14848-9) e a aldeia de Jiang Quan tem águas de nível II (GB/T14848-9). A avaliação do grau de poluição das águas subterrâneas com o método matemático difuso reflecte objetivamente o estado da qualidade da água (Ying, 2010). Os resultados são apresentados no quadro 2.3.

Tabela 2.3 Resultados das amostras de água da aldeia de Wu (mg/L) após ano, 2010

Itens de análise	pH	Cromaticidade mg/L	Turbidez (NTU)	TDS mg/L	Total Dureza	Nitrato Azoto	Amoníaco N mg/L

					mg/L	mg/L	
Resultados	7.5	10	20	2594	1109	0.58	0.096
Itens de análise	Sulfato mg/L	Fluoreto mg/L	Cloreto mg/L	CQO mg/L	Pb mg/L	As mg/L	Fe mg/L
Resultados	32.2	0.30	316	0.04	0.003	0.022	2.64

A segurança da água potável é uma parte importante no domínio científico da água. A avaliação tradicional da qualidade da água potável viva não pode avaliar totalmente os impactos da qualidade das águas subterrâneas no corpo humano. Por conseguinte, a avaliação do risco para a saúde das águas subterrâneas foi aplicada num estudo para avaliar a qualidade das águas subterrâneas de uma importante cidade do oeste da China. A análise mostra que o risco para a saúde causado pelos carcinogéneos químicos arsénico é de 23,8% nas águas subterrâneas. O risco de cancro causado pelo Cr (VI) está dentro dos limites aceitáveis. O nitrato é a principal substância tóxica crónica não cancerígena para a saúde. A avaliação do risco para a saúde, que avalia o risco cancerígeno e o risco não cancerígeno, mostrou que 71,43% da qualidade das águas subterrâneas tem impacto direto ou indireto na saúde das pessoas que bebem. A avaliação dos riscos para a saúde das águas subterrâneas analisa os impactos dos agentes químicos cancerígenos e não cancerígenos presentes nas águas subterrâneas no corpo humano, pelo que pode fornecer um apoio científico mais aprofundado para a segurança da qualidade e o controlo da poluição das águas subterrâneas (Duan Lei et al., 2009).

A contaminação do aquífero pouco profundo por concentrações elevadas de nitratos é um problema comum em muitas regiões rurais do mundo. Um aquífero que apresente simultaneamente uma vulnerabilidade intrínseca e uma utilização de terras irrigadas é especialmente suscetível a este tipo de contaminação. Foi realizado um estudo para avaliar a vulnerabilidade intrínseca de um aquífero e o impacto da atividade agrícola na qualidade das águas subterrâneas no rio Dagu, em Qingdao, que se situa na parte oriental da China. O aquífero do rio Dagu fornece 50%-60% do consumo total de água de Qingdao. Foi investigada a hidroquímica das águas subterrâneas. No que respeita à amostragem, foram recolhidas 436 amostras de águas subterrâneas e fluviais entre abril de 2000 e setembro de 2006. Os resultados indicam que as principais formas de contaminação são NO^{3-} -N, CaCO3, TDS, F^- e Cl^- , que excedem a norma chinesa de qualidade das águas subterrâneas III (GB/T 14848-93) em 82%, 57%, 23%, 20% e 11%, respetivamente. A concentração de nitratos é calculada como concentração de azoto, ou seja, NO^{3-} -N.

Em particular, a contaminação por nitratos no aquífero superficial foi avaliada através da comparação da concentração de NO^{3-} -N com os parâmetros que afectam a vulnerabilidade intrínseca do aquífero (i.e., profundidade do lençol freático, impacto da zona vadosa, etc.). Além disso, foi analisado o efeito do uso do solo e da utilização de fertilizantes na concentração de NO^{3-} - N nas águas subterrâneas. Os resultados sugerem que as actividades agrícolas intensivas, especialmente uma superabundância de fertilizantes utilizados na plantação de vegetais, são um importante fator-chave para a contaminação por nitratos. Quando grande parte do azoto dos fertilizantes não é convertido em culturas colhidas, deixa uma fração significativa disponível para lixiviação para a zona vadosa arenosa fina, a que se chama "janela de infiltração" (Youyuan Chen et al., 2010).

A temperatura foi submetida a uma análise de componentes principais e de agrupamentos. A análise de componentes principais (PCA) foi utilizada para refletir os dados químicos com maior correlação, e os resultados da PCA identificaram cinco componentes principais (PCs) que representam 74,6% da variância acumulada. Com base nos dados de monitorização entre 2005 e 2008, a informação extraída da PCA reflectiu as fontes potenciais de contaminação das águas subterrâneas como fugas de ácido, dissolução de arsénio, salinização, mineralização e libertação de fluoreto (Ting-Nien Wu & Chen-Hsiang Huang, 2009). Com base na análise das águas cinzentas da central eléctrica de Baoding (China), nos componentes químicos das águas subterrâneas e nas condições da hidrologia ambiental, a previsão da poluição causada pela permeação das águas cinzentas foi efectuada através da aplicação de um modelo matemático homogéneo unidimensional. Os resultados mostram que a água das cinzas não terá má influência na qualidade da água da fonte de água da cidade de Baoding para o campo de cinzas 5000m num curto espaço de tempo. Os resultados mostraram que, quando a água das cinzas se infiltra da camada de cinzas de carvão, da camada superficial do solo e da zona não saturada para o aquífero, alguns contaminantes podem ser degradados de forma inócua e prejudicial através de uma série de efeitos físicos, químicos e biológicos. Devido à filtragem, adsorção e sedimentação, alguns contaminantes são capturados pela camada superficial do solo. Ainda assim, alguns contaminantes

Uma investigação preliminar na zona de Todaraisingh, no distrito de Tonk (Rajastão, Índia), indica que foram identificados graves problemas de saúde na zona de Todaraisingh, no distrito de Tonk, no Rajastão, devido à ingestão excessiva de fluoreto através da água potável. A maior parte da população desta zona sofre de fluorose dentária e esquelética, como manchas nos dentes, deformação dos ligamentos, curvatura da coluna vertebral e problemas de envelhecimento rápido. Em geral, a qualidade da água foi considerada insatisfatória para fins de consumo sem qualquer tratamento. Por isso, é urgente educar as pessoas sobre as causas da gripe, incentivar a recolha de água da chuva e a técnica de desfluoretação para fornecer água sem flúor na área de estudo (Yadav e Khan, 2010). Foi efectuado um estudo para compreender o estado da qualidade das águas subterrâneas em Agra e também para avaliar as possíveis causas da elevada concentração de fluoreto acima do limite permitido (1,5 mg/L) na água potável. De um modo geral, a qualidade da água foi considerada insatisfatória para fins de consumo sem qualquer tratamento. Assim, concluiu-se que é urgente educar as pessoas sobre as causas da gripe, incentivar a recolha de água da chuva e a técnica de desfluoretação para fornecer água sem flúor na área de estudo. A meteorização das rochas e a evaporação das águas subterrâneas são responsáveis pela elevada concentração de fluoreto nas águas subterrâneas de Agra. A concentração de fluoreto nas águas subterrâneas desta região varia entre 0,1 e 14,8 mg/L (B.S.Sharma et al., 2011).

2.4. MISSÃO NACIONAL RAJIV GANDHI PARA A ÁGUA POTÁVEL

De acordo com esta missão, o abastecimento de água potável nas zonas rurais é da responsabilidade dos Estados. Estão a ser previstos fundos para o fornecimento deste serviço nos orçamentos estatais desde o primeiro plano quinquenal. O Programa Acelerado de Abastecimento de Água nas Zonas Rurais (ARWSP) foi introduzido em 1972-73 pelo Governo da Índia (GOI), para ajudar os Estados e os Territórios da União a acelerar o ritmo de cobertura do abastecimento de água potável.

Para garantir o máximo afluxo de dados científicos e técnicos ao sector do abastecimento de água às zonas rurais, a fim de melhorar o desempenho e a relação custo-eficácia dos programas em curso e garantir o abastecimento adequado de água potável, foi adoptada uma abordagem de missão para todo o programa. A Missão Tecnológica para a água potável e a gestão conexa da água foi lançada em 1986. Foi também designada por Missão Nacional para a Água Potável (NDWM) e foi uma das cinco Missões Societais lançadas pelo Governo da Índia. Em 1991, a NDWM foi denominada Missão Nacional de Água Potável Rajiv Gandhi (RGNDWM). Percebeu-se que o objetivo de fornecer água potável não seria alcançado a menos que os aspectos sanitários da água e a questão do saneamento fossem abordados em conjunto para melhorar a qualidade de vida da população rural. Prevê-se que os dois programas, o ARWSP e o CRSP, implementados em simultâneo, ajudem a quebrar o círculo vicioso da doença, da morbilidade e da falta de saúde, resultantes de doenças induzidas pela água e por produtos químicos tóxicos e de condições insalubres.

2.4.1. Controlo da fluorose

O problema da gripe pode ser observado em 150 distritos de 16 estados do país, incluindo Delhi. As medidas de controlo incluem o fornecimento de fontes alternativas isentas de fluoreto ou o tratamento da água contaminada com fluoreto (para que fique dentro do limite permitido de 1,5 ppm) com a ajuda de processos de tratamento como a técnica de Nalgonda ou o processo de alumina activada. Até à data, a Missão aprovou 499 instalações (do tipo "encher e extrair" e do tipo "bomba manual acoplada"), das quais 427 foram instaladas até dezembro de 1998.

2.4.2. Medidas de correção

Existem muitos métodos para remover o flúor da água potável. Alguns deles, que poderiam ser usados a nível da aldeia, são apresentados a seguir. As aparas de argila cozida tendem a ligar os fluoretos (Mogeset al.1996) e estão facilmente disponíveis nas comunidades das aldeias, tornando-se assim uma escolha adequada para a adsorção de fluoreto. As cinzas volantes e as lamas são também bons adsorventes de fluoreto. Foram desenvolvidos muitos métodos para a remoção de fluoreto da água potável.

Estes métodos podem ser classificados em quatro grupos básicos:

Métodos de permuta iónica ou de adsorção

Métodos de coagulação e precipitação

Desfluoretação eletroquímica ou eletrodiálise

Osmose inversa

Alguns destes métodos são explicados na secção seguinte.

Desfluoretação com alumina activada

A alumina activada é o nome comum do óxido de alumínio T. A estrutura cristalina da alumina contém descontinuidades na rede catiónica que dão origem a áreas localizadas de carga positiva (Clifford et all978). Isto faz com que a alumina seja atrativa para várias espécies aniónicas. A capacidade máxima da alumina activada pode ser de 3,6 mg F^- / g de alumina (Bulusu e Nawalakhe, 1988). Nos processos de tratamento, os iões mais preferidos podem ser utilizados para deslocar os iões menos preferidos. A alumina tem uma elevada preferência pelo flúor em comparação com outras espécies aniónicas e, por conseguinte, é um adsorvente atrativo. Na prática, a alumina é primeiro tratada com HC1 para a tornar ácida.

$$Alumina.H_2O + HCl \rightarrow Alumina.HCl + H_2O \quad ...(2.1)$$

Esta forma ácida de alumina, quando em contacto com iões fluoreto, desloca os iões cloreto e liga-se à alumina.

Alumina.HCl + NaF→ Alumina.HF + NaCl ....(2.2)

Para regenerar o adsorvente, uma solução diluída de hidróxido de sódio pode ser misturada com o adsorvente para obter uma alumina básica.

Alumina.HF + 2NaOH→Alumina.NaOH + NaF + H_2O....(2.3)

O tratamento posterior com ácido regenera a alumina ácida.

Alumina.NaOH + 2 HCl→Alumina.HCl +NaCl + H_2O ....(2.4)

A principal desvantagem deste processo é o facto de as etapas de regeneração resultarem numa solução aquosa contendo fluoreto. Por outro lado, se a alumina esgotada for descartada, o custo da desfluoretação aumenta. Além disso, a alumina gasta pode lixiviar iões de fluoreto quando entra em contacto com o álcali (Bulusu e Nawalakhe, 1988). Na Índia, a alumina activada foi utilizada em alguns locais de Andhra Pradesh e Maharashtra (Nawalakhe, 1988).

Desfluoretação com serpentina

A serpentina é um material que contém um ou ambos os minerais, cristilo e antigorite. Estes minerais contêm principalmente sílica e óxido de magnésio. Jindasa et al. 1989 observaram que a serpentina pode ser utilizada como um adsorvente adequado para a desfluorização. A serpentina é, em primeiro lugar, reduzida a pó a uma dimensão inferior a 30 mm e, em seguida, tratada com HCl concentrado. A serpentina tratada é então seca e depois misturada com água fluoretada. Estudos mostram que a capacidade da serpentina é de cerca de 0,1 mg F^-/g de serpentina. A adsorção máxima de fluoreto é alcançada quando o ácido é utilizado juntamente com a água contendo fluoreto na proporção de 1:5. Este método tem também algumas desvantagens: a serpentina tende a ser desactivada com a utilização repetida. Quando utilizado em condições ácidas, outros iões, como o alumínio, o magnésio ou o ferro, são lixiviados para a água tratada. Além disso, o pH da água tratada tem de ser aumentado antes de poder ser utilizada para beber.

Coagulação com alúmen

Estudos demonstram que o alúmen ($Al_2(SO_4)_3.18\ H_2O$) pode ser utilizado para coagular fluoretos, que são depois removidos por filtração. O alúmen, na presença de carbonato de sódio, reage com os iões fluoreto para dar origem a um complexo, mostrado abaixo (Nawalakhe e Paramasivam, 1993). A alcalinidade, complementada pela adição de carbonato de sódio ou de bicarbonato de sódio, assegura a hidrólise efectiva dos sais de alumínio, não deixando qualquer alumínio residual na água tratada.

$$2Al_2(SO_4)_3\ 18\ H_2O+NaF+9F+9Na_2CO_3 \rightarrow [5\ Al(OH)_3\ Al(OH)\ 2H] + 8CO_2 + 9Na_2SO_4+NaHCO_3+45H_2O$$

$$3Al_2(SO_4)_3\ 18\ H_2O+NaF+17NaHCO_3 \rightarrow [5Al(OH)_3Al(OH)\ 2H] + 9Na_2SO_4 + 17CO_2+18H_2O$$

As experiências mostram que são necessários 250 mg de alúmen para reduzir a concentração de fluoreto de 3,6 mg/L para 1,5 mg/L em 1 L de água (Nawlakhe e Paramasivam, 1993). Foi demonstrado que este método pode ser utilizado para tratar água com valores elevados de concentração de fluoreto.

Desfluoretação da água utilizando aparas de argila cozida

As aparas de argila cozida têm uma boa capacidade de remoção de fluoreto (Moges et al., 1996). A capacidade máxima do adsorvente foi de 0,2 mg F-/g do adsorvente. Os estudos mostram que 5-20 mg/L de solução de fluoreto podem ser reduzidos para menos de 1,5 mg/L utilizando aparas de argila cozida. Uma das desvantagens deste processo é que o tempo de contacto necessário para a conclusão do processo é muito elevado (150 horas).

Desfluoretação por adsorventes carbonáceos

O fluoreto pode ser removido por adsorventes carbonosos, como o carvão de madeira ou de ossos, que são obtidos por carbonização direta ou por tratamento com ácido sulfúrico de pó de serra, coco ou ossos de animais. No entanto, a remoção máxima de fluoreto das amostras de água utilizando estes métodos foi de cerca de 80% e a sua capacidade de remoção diminui drasticamente em condições salinas (Sivasamy et al., 2001). No entanto, a utilização de adsorventes à base de carvão, como a lenhite, o carvão betuminoso e o coque fino, dá melhores resultados. Os adsorventes são lavados, peneirados até um tamanho de 80 |nm, secos a 110 °C e depois misturados com água contendo fluoreto. O tempo de contacto necessário para reduzir a concentração de fluoreto de 10 mg/L para 1 mg/L é de algumas horas. Verifica-se que, em pH ácido, a absorção de flúor é muito mais elevada do que nos limites de pH neutro ou básico. A capacidade de adsorção de fluoreto dos adsorventes à base de carvão é de cerca de 7 mg F^- /g de adsorvente.

Assim, é evidente que a determinação do flúor na água potável é de importância primordial do ponto de vista da saúde pública. Dado que as águas subterrâneas são a principal fonte de água potável nas zonas urbanas e rurais do distrito de Sonbhadra e que a extração de águas subterrâneas é bastante elevada, vale a pena proceder à avaliação do flúor nas águas subterrâneas do distrito de Sonbhadra.

Capítulo 3

MATERIAIS E MÉTODOS

GERAL

Este capítulo apresenta pormenores sobre a recolha de amostras, os produtos químicos e os métodos utilizados para a avaliação de vários parâmetros de qualidade da água, tais como fluoreto, pH, alcalinidade, dureza, cálcio, magnésio e ferro em águas subterrâneas. Os procedimentos experimentais e os aspectos importantes do estudo são descritos neste capítulo.

Recolha de amostras

Foram escolhidas para a recolha de amostras várias bombas manuais India Mark-II instaladas pela U. P. Jal Nigam no distrito de Sonbhadra, tendo a amostragem sido efectuada de abril de 2014 a agosto de 2014. As amostras foram recolhidas em diferentes blocos do distrito de Sonbhadra, nomeadamente, Bhantawari, Bichhiyari, Raspahari, Pandubiya, Samtharhawa, Khairahi, Majhauli, Piparhawa e Myorpur, etc.

As amostras foram recolhidas em garrafas de polietileno (enxaguadas com uma porção da amostra) de 1 litro de capacidade e levadas para o laboratório de engenharia ambiental para processamento e análise posteriores.

Métodos de deteção de fluoretos (método SPADNS)

O método SPADNS tem uma gama analítica linear de 0 a 1,40 mg F-/L. A utilização de uma calibração não linear pode alargar o intervalo até 3,5 mg F-/L. O desenvolvimento da cor é praticamente instantâneo. As determinações de cor são efectuadas fotometricamente, utilizando um espetrofotómetro. É utilizada uma curva desenvolvida a partir de padrões para determinar a concentração de fluoreto de uma amostra.

3.3.1. Discussão geral

a) **Princípio:** O método colorimétrico SPADNS baseia-se na reação entre o fluoreto e um corante de zircónio. O flúor reage com o corante, dissociando uma parte deste num anião complexo incolor ($ZrFe^{2-}$); e o corante. À medida que a quantidade de fluoreto aumenta, a cor produzida torna-se progressivamente mais clara. A velocidade de reação entre o fluoreto e os iões zircónio é grandemente influenciada pela acidez da mistura reacional. Se a proporção de ácido no reagente for aumentada, a reação pode ser feita quase instantaneamente. No entanto, nestas condições, o efeito dos vários iões difere do dos métodos convencionais de alizarina. A seleção do corante para este método rápido com fluoreto é regida em grande medida pela tolerância resultante a estes iões.

b) **Interferências:** A Tabela 3.1 lista as interferências comuns. Dado que estas não têm efeito linear nem são algebricamente aditivas, é impossível efetuar uma compensação matemática. Sempre que qualquer substância estiver presente em quantidade suficiente para produzir um erro de 0,1 mg/L ou sempre que o efeito interferente total for duvidoso, destilar a amostra. Destilar também as amostras coloridas ou turvas. Em alguns casos, pode recorrer-se à diluição da amostra ou à adição de quantidades adequadas de substâncias interferentes aos padrões para compensar o efeito de interferência. Se a alcalinidade for a única interferência significativa, neutralizá-la com ácido clorídrico ou nítrico. O cloro interfere e é necessário prever a sua remoção. A medição volumétrica da amostra e do reagente é extremamente importante para a exatidão analítica. A temperatura constante foi mantida durante todo o desenvolvimento da cor.

Tabela 3.1: Concentração de algumas substâncias que causam um erro de 0,1 mg/L a 1,0 mg F-/L

Substância	Cone. mg/L	Tvoe of Error*
Alcalinidade como (CaCCs)	5000	-
Alumínio (Al)$^{3+}$	0.1 A	-
Cloreto (Cl)$^{-}$	7000	+
Cloro		Remover completamente com arsenito
Cor e turbidez		Remover ou compensar
Ferro	10	-
Hexametafosfato ([NaPO3])6	1.0	+
Fosfato (PO4)$^{3-}$	16	+
Sulfato (SO4)$^{2-}$	200	-

* + indica um erro positivo - indica um erro negativo Em branco indica que não há erro mensurável

- Na leitura imediata. A tolerância aumenta com o tempo: após 2h, 3,0; após 4h, 30.

3.3.2 Aparelhos

Equipamento colorimétrico:

É necessário um espetrofotómetro, para utilização a 570 nm, com um percurso de luz de pelo menos 1 cm.

3.3.3 Reagentes

a) **Solução-mãe de fluoreto:** Dissolver 221,0 mg de fluoreto de sódio anidro, NaF, em água destilada e diluir a 1000 mg/L; 1,00 mg/L=100 µg F .$^{-}$

b) **Solução padrão de fluoreto:** Diluir 100 mg/L de solução-mãe de fluoreto para 1000 mg/L com água destilada; em seguida, 1,00 mg/L=l 0,0 µg F .$^{-}$

c) **Solução de SPADNS:** Dissolver 958 mg de SPADNS, sal trissódico do ácido 2-(parasulfofenilazo)-2,7-naftalenodissulfónico de sódio, em água destilada e diluir a 500 mg/L. Esta solução pode manter-se estável durante pelo menos um ano se for protegida da luz solar direta.

d) **Reagente de ácido zirconílico:** Dissolver 133 mg de cloreto de zirconilo octa-hidratado, ZrOCl2.8H20, em cerca de 25 mg/L de água destilada. Adicionar 350 mg/L de conc HCL e diluir a 500 mg/L com água destilada.

e) **Reagente ácido de zirconil-SPADNS:** Misturar volumes iguais de solução de SPADNS e de reagente ácido de zirconilo. O reagente combinado é estável durante pelo menos 2 anos. Em condições adequadas

f) **Solução de referência:** Adicionar 10 mg/L de solução SPADNS a 100 mg/L de água destilada. Diluir 7 mg/L de conc HCL a 10 mg/L e adicionar à solução SPADNS diluída. A solução resultante, utilizada para definir o ponto de referência do instrumento (zero), é estável durante pelo menos 1 ano. Caso contrário, utilizar um padrão preparado de 0 mg F-/L como referência.

3.3.4 Procedimento

a) Preparação da curva-padrão: Preparar padrões de fluoreto na gama de 0 a 1,40 mg F-/L, diluindo quantidades adequadas de solução-padrão de fluoreto a 50 mg/L com água destilada. Pipetar 5 mg/L de solução SPADNS e de reagente ácido zirconílico ou 10 mg/L de reagente misto ácido-zirconílico-SPADNS para cada padrão e misturar bem. Evitar a contaminação. Colocar o espetrofotómetro no zero de absorvância com a solução de referência e obter as leituras de absorvância dos padrões. Traçar uma curva da relação miligramas de fluoreto-absorvância. Preparar um novo padrão ou uma nova curva de calibração sempre que se fizer um novo reagente ou se utilizar uma temperatura padrão diferente. Em alternativa à utilização de uma referência, colocar o espetrofotómetro num ponto conveniente (0,300 ou 0,500 de absorvância) com o padrão de 0 mg F-/L preparado. As duas curvas-padrão preparadas ou calibradas com o Curve Expert Pro 1.2.3 durante o estudo são apresentadas nas Fig. 3.2 e Fig.3.2

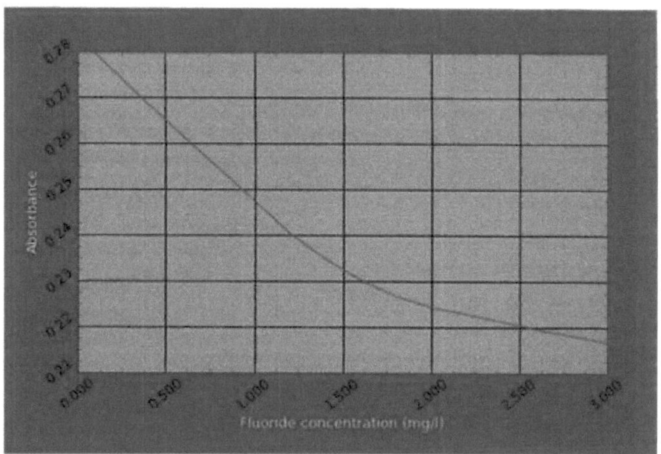

a) Fig. 3.1 Standard Curve for Fluoride

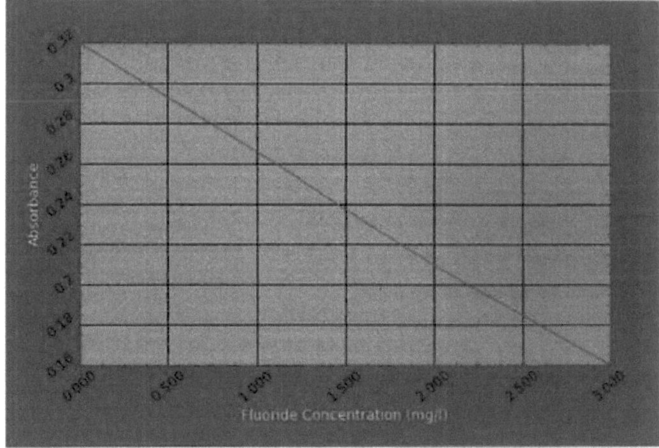

Fig. 3.2 Standard Curve for Fluoride

b)

c) **Desenvolvimento da cor:** Utilizar uma amostra de 50 mg/L ou uma fração diluída a 50 mg/L com água destilada. Ajustar a temperatura da amostra à utilizada para a curva-padrão.

Adicionar 5 mg/L de solução de SPADNS e de reagente ácido zirconílico, ou 10 mg/L de reagente ácido-zirconílico-SPADNS; misturar bem e ler a absorvância, fixando primeiro o ponto de referência do espetrofotómetro como indicado a seguir. Se a absorvância ultrapassar a gama da curva-padrão, repetir a leitura com uma amostra diluída.

d) **Calibração do espetrofotómetro:** Os passos seguintes devem ser seguidos sempre que se utiliza um espetrofotómetro:

1. Ligar o instrumento à rede eléctrica através da ficha de três pinos e ligar o interruptor ON/OFF fornecido na parte de trás.
2. Selecionar o comprimento de onda desejado rodando o botão "Set Wavelength". Agora, selecione o comprimento de onda desejado 'RANGE' (intervalo), ou seja, 340-400 nm ou 400- 960 nm.
3. Manter o controlo de sensibilidade na posição "1" e o interruptor de função na posição "%T".
4. Ajustar o visor para 00,0%T sem inserir o tubo de ensaio no suporte, utilizando o botão "set zero %T".
5. Abrir a tampa do suporte de tubos de ensaio e inserir um tubo de ensaio com solução em branco ou água destilada. Fechar a tampa.
6. Com a ajuda do botão 'Calibrate-Coarse', aproximar a leitura do ecrã de 100%T. Agora, utilizando o botão "Calibrate-Fine", ajustar 100%T. Se o visor não indicar '100.0 %T' apesar de rodar o botão 'coarse' para a posição máxima, aumentar a sensibilidade para a fase seguinte e definir 100.0%T com os botões 'Calibrate-Coarse & Fine'.
7. Continuar a aumentar o intervalo de sensibilidade até se atingir 100%T.
8. Introduzir no suporte o tubo de ensaio que contém a solução de referência.
9. Colocar o interruptor de função na posição "Optical density." e colocar o ecrã em 0.
10. Agora, a absorvância das amostras pode ser anotada.

1.1.5. Cálculo

3.4. Método de determinação do pH

$$mg\frac{F^-}{L} = \frac{A}{mlsample} \times \frac{B}{C}$$

onde:

A= |ig F" determinado a partir da curva traçada,

B= volume final da amostra diluída, mg/L, e C= volume da amostra diluída utilizada para o desenvolvimento da cor, mg/L.

Quando se utiliza o padrão 0 mg F-/L preparado para regular o espetrofotómetro, calcular alternativamente a concentração de fluoreto do seguinte modo

$$mg\frac{F^-}{L} = A_0 - A_x \div A_0 - A_1$$

onde:

Ao=absorvância do padrão 0 mg F-/T preparado,

A1=absorvância de um padrão preparado de 1,0 mg de F-/L, e

Ax=absorvância da amostra preparada.

3.4.1. Discussão geral

A água é constituída por iões de hidrogénio (H+) e iões de hidroxilo (OH"). A água desionizada pura contém igual número de iões H+ e OH- e é considerada neutra (pH 7), ou seja, nem básica nem ácida. Se a amostra tiver mais iões H+, tem um pH inferior a 7 e, portanto, é ácida. Se os iões OH" forem mais numerosos do que os iões H+, a amostra é considerada básica e tem um pH superior a 7.

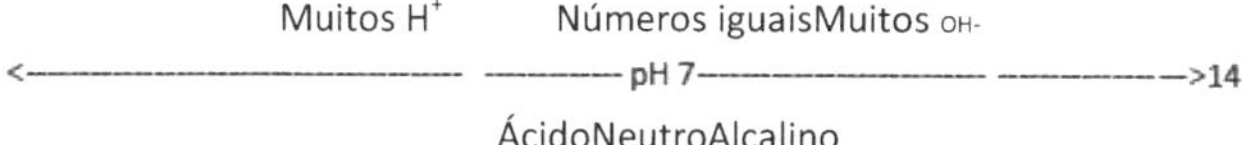

ÁcidoNeutroAlcalino

A água da chuva é naturalmente ligeiramente ácida, mas o tipo de geografia (rochas e minerais) numa bacia hidrográfica determina geralmente o pH. A poluição atmosférica (óxidos de azoto e enxofre) proveniente dos veículos e das centrais térmicas produz chuvas ácidas, o que constitui uma séria ameaça para o sistema aquático. As águas residuais e os efluentes industriais também podem afetar o equilíbrio do pH dos materiais fluviais. O pH dos rios saudáveis é geralmente neutro ou varia entre 6,5 e 8,5.

3.4.2. Procedimento

a) Padronizar o medidor de pH mergulhando o elétrodo numa solução tampão de pH conhecido.

b) Ler o pH e ajustar corretamente com o controlo até o visor indicar o valor correto para o pH da solução tampão.

c) Lavar o elétrodo em água destilada e mergulhá-lo na amostra.

d) Ler o valor do pH.

3.5. Método de determinação da alcalinidade

Alcalinidade da água capacidade negativa de neutralizar um ácido A alcalinidade da água deve-se geralmente à presença de compostos de bicarbonato, carbonato e hidróxido de cálcio, magnésio, sódio e potássio. O borato, os fosfatos e os silicatos podem também contribuir para a alcalinidade. Devido à relativa abundância de minerais de carbonato e ao dióxido de carbono facilmente disponível que entra em equilíbrio na solução aquosa, a maior parte da água contém apenas carbonatos e bicarbonatos. A ocorrência de iões hidróxido é muito rara, a menos que tenha havido alguma contaminação industrial.

3.5.1. Reagentes

a) **Indicador de alaranjado de metilo:** Dissolver 5 g de alaranjado de metilo em 1 L de água destilada.

b) **Indicador de fenolftaleína:** Dissolver 5 g de fenolftaleína em 1L de álcool etílico a 5,0%.

c) **Ácido sulfúrico N/50:** Preparar uma solução-mãe de H_2SO_4 (aproximadamente 0,1N) diluindo 3mg/L de H_2SO_4 para um litro de água destilada. Diluir 200mg/L das soluções de reserva 0,1N para um litro com água destilada.

3.5.3 Procedimento

a) Determinar corretamente o pH da amostra.

b) Colher 100 mg/L da amostra num erlenmeyer.

c) Adicionar uma gota de indicador de alaranjado de metilo à amostra.

d) Manter um branco com a mesma quantidade de indicador para comparação.

e) Titular com N/50 H_2SO_4.

f) Registar a primeira mudança de cor de amarelo para laranja. Registar o mg/L de N/50

H2SO4.

3.5.3 Cálculos

Alcalinidade total (CaCC3) mg/L= (mg/L N/50 H2SO4 utilizado x 1000)/mg/L amostra

3.6. Método de determinação da dureza

A dureza da água é a capacidade da água para impedir a formação de espuma com sabão. Os sabões são solúveis em água em grande medida, mas a presença de certas substâncias impede o processo. A dureza da água é também um problema para a lavagem de roupa e para fins domésticos, uma vez que consome uma grande quantidade de sabão. A dureza da água natural pode variar de dez a centenas de mg/L em termos de carbonato de cálcio, dependendo da fonte de água.

3.6.1. Reagentes

a. **Indicador negro de ericrómio** T: Dissolver 0,1 g de negro de ericrómio T em 20 mg/L de álcool etílico.

b. **Tampão de amoníaco:** Dissolver 6,75 g de cloreto de amónio em 75 mg/L de amoníaco líquido e diluir a 100 mg/L com água destilada.

c. **Solução padrão de EDTA:** Dissolver 4 g de sal sódico de EDTA e 0,1 g de MgCh em 800 mg/L de água destilada. Padronizar com solução de CaCb.

3.6.2 Procedimento

a) Colocar 100 mg/L de amostra num erlenmeyer.

b) Adicionar 1 mg/L de solução tampão de amoníaco e 3 gotas de indicador negro de ericrómio T. Titular com solução padrão de EDTA até a cor mudar de vermelho-vinho para azul.

c) Colher uma quantidade conhecida de amostra e ferver durante um período suficientemente longo, arrefecer e filtrar. Repetir a operação referida na alínea b). Anotar os mg/L de EDTA. utilizados.

c.2. Cálculos

Dureza total mg/L, (escala de CaCOs) = [mg/L de EDTA utilizado (amostra não fervida)* 1000/mg/L amostra]

3.7. Método para a determinação de Ca^{2+}

A presença de cálcio (quinto elemento em ordem de abundância) na água de abastecimento resulta da passagem através ou sobre depósitos de pedra calcária, dolomite, gesso e rochas gipsíferas. O teor de cálcio pode variar de zero a várias centenas de mg/L, consoante a origem e o tratamento da água. Pequenas concentrações de carbonato de cálcio combatem a corrosão das tubagens metálicas. Alguns sais de cálcio precipitam-se com o aquecimento, formando incrustações nas caldeiras, tubagens e utensílios de cozinha.

3.7.1. Reagentes

a) **E. Solução de EDTA (0,02 M):** Dissolver 7,448 g de sal dissódico de EDTA seco em 1000 mg/L de água destilada.

b) **Solução de hidróxido de sódio (I** N): Dissolver 40 g de NaOH em 1000 mg/L de água destilada.

c) **Indicador Calcon (Cálcio):** 0,5 g de Erichrome Blue Black - R misturado com 100 g de cloreto de sódio e triturado.

3.7.3 Procedimento

a) Pegar na bureta e encher com solução de EDTA 0,02 M.

b) Colher uma amostra de 25 mg/L num erlenmeyer de 100 mg/L com uma proveta graduada.

c) Adicionar à amostra 5 gotas de solução de hidróxido de sódio, seguidas de uma pitada de indicador de cálcio. Agora a amostra ficará com uma cor vermelho-vinho.

d) Titular imediatamente, mas lentamente, com agitação contínua, até que a última coloração avermelhada desapareça e se observe a cor azul.

e) Anotar o volume de EDTA consumido e calcular a dureza cálcica em termos de mg/L como

3.7.3 Cálculos

Dureza cálcica como CaCO3mg/L= mg/L de EDTA utilizado x 1000 mg/L de amostra

Cálcio como Ca++ (mg/L) = Dureza cálcica (mg/L) x 0,40

3.8. Determinação do magnésio $(Mg)^{2+}$

Tal como o cálcio, o magnésio é também um constituinte comum da água natural. É um dos principais factores que contribuem para a dureza da água. A concentração de magnésio na água pode variar de zero a várias centenas de miligramas por litro, dependendo da fonte de água. Concentrações superiores a 125 mg/L podem exercer uma ação catártica e diurética. O amaciamento químico ou a permuta iónica reduzem o magnésio e a dureza associada para níveis aceitáveis.

A dureza do magnésio pode ser estimada por cálculo utilizando os valores de dureza total e dureza do cálcio, como indicado abaixo:

Dureza do magnésio (mg/L) = Dureza total - Dureza do cálcio Magnésio como Mg^{++} = Dureza do magnésio x 0,243

3.9. Método de determinação do ferro total

A concentração de ferro é normalmente baixa nas águas superficiais, mas devido às descargas de efluentes de indústrias como a siderurgia, a forja, etc., polui o rio com elevados teores de ferro. As águas subterrâneas têm por vezes uma concentração elevada de ferro. O ferro na água pode causar manchas nas roupas e utensílios. Uma quantidade elevada de ferro na água dá-lhe um aspeto avermelhado e turvo. É prejudicial para o sistema aquático. O limite permitido de ferro para a água potável é de 0,3 a 1,0 mg/L.

3.9.1. Reagentes

a) **Ácido sulfúrico (0,02 N):** Tomar H2SO4 0,555 mg/L conc. e perfazer até 1000 mg/L com água destilada.

b) **Solução tampão de acetato:** Dissolver 40 g de acetato de amónio e 50 mg/L de ácido acético glacial em 70 mg/L de água destilada.

c) **Solução de cloridrato de hidroxilamina:** Dissolver 20 g de reagente em 100 mg/L de água destilada.

d) **Solução de fenantrolina:** 0,50 g de cloridrato de fenantrolina 1-10 dissolvido em 100 mg/L de água destilada. Conservar a solução num frasco escuro.

3.9.2. Procedimento

a) Pipetar **10mg/L** de amostra para um tubo de ensaio.

b) Adicionar uma gota de ácido sulfúrico, 20 gotas de solução de acetato de amónio e ácido acético, 8 gotas de solução de cloridrato de hidroxilamina e 8 gotas de solução de fenantrolina.

c) Agitar bem e deixar repousar durante 15 minutos.
d) Comparar a cor castanha com a tabela de cores e anotar o valor.
e) Exprimir o resultado em mg/L.

Utilizando estes procedimentos, as amostras de água subterrânea trazidas de diferentes zonas do distrito de Sonbhadra são analisadas e a análise dos dados e a discussão dos resultados são apresentadas no capítulo seguinte.

Capítulo 4

AMOSTRAGEM, RECOLHA DE DADOS, ANÁLISE, RESULTADOS E DISCUSSÃO

4.1. Geral

O rio Sone atravessa o distrito de Sonebhadra de oeste para leste e o seu afluente, o rio Rihand, nasce a sul nas terras altas do distrito de Surguja, em Chhattisgarh, e corre para norte para se juntar ao rio Sone. Sonbhadra está situada nas cadeias de montanhas do sudeste do supergrupo Vindhyachal. O Govind Ballabh Pant Sagar, um reservatório no rio Rihand, situa-se em parte no distrito de Sonbhadra e em parte em Madhya Pradesh. O distrito tem afinidades históricas, culturais e ecológicas com a região de Bagelkhand. Robertsganj é a cidade principal. Fica a cerca de 100 km de Varanasi.

4.1.2. Estatísticas distritais

As estatísticas distritais são apresentadas no Quadro 4.1.

Quadro 4.1 : Estatísticas distritais de Sonbhadra

Localização	[11] **24041123N 83031550E**
Área geográfica	6.788 km^2
População total (2011)	1,862,612
Rácio de sexos (2011)	913
População rural (20011)	83.12%
População urbana (2011)	12.16%
Total de alfabetizados (2011)	61.18%

4.2. Área de estudo

É sabido que a água contaminada com flúor é responsável pela propagação da fluorose. Os requisitos de qualidade variam consoante as utilizações específicas. A contaminação das águas subterrâneas com fluoreto apresenta sérios riscos para a saúde de uma grande parte das comunidades em todo o mundo. Foram colhidas amostras de fontes de águas subterrâneas localizadas em quarteirões do distrito de Sonbhadra, que foram testadas no Laboratório Ambiental do Instituto Indiano de Tecnologia (BHU), Varanasi. Sonbhadra para determinar a sua concentração de flúor e algumas outras caraterísticas físicas e químicas. As amostras foram retiradas de fontes onde as águas subterrâneas eram utilizadas para fins de consumo. Com exceção de algumas, a maioria das amostras foi colhida em bombas manuais India Mark-II. A área de estudo é mostrada na Fig.4.1.

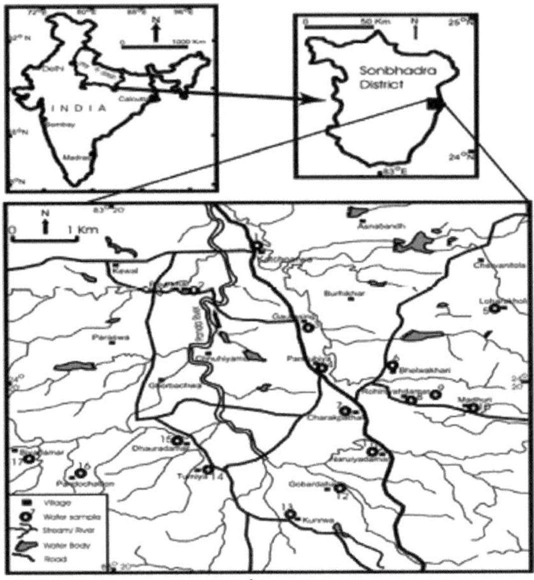

Fig. 4.1: Área de estudo

O principal objetivo do trabalho era avaliar o nível de contaminação por fluoreto e a sua remoção.

A recolha de amostras foi efectuada durante o período de abril a agosto de 2014. As amostras dos blocos foram recolhidas durante o período pré-monção, enquanto as amostras do distrito de Sonbhadra puderam ser recolhidas e analisadas durante o mês de julho de 2014. As amostras de água foram recolhidas nos locais selecionados dos blocos e do distrito de Sonbhadra.

distrito de Sonbhadra, em garrafas de plástico com capacidade para um litro. A análise de vários parâmetros foi efectuada de acordo com o procedimento normalizado. Os resultados assim obtidos foram submetidos à comparação com as normas prescritas para os respectivos parâmetros pela IS: 105001991, que é apresentada no Quadro 4.2. Os dados recolhidos através da análise da amostragem de campo estão incluídos na Tabela 4.3.

Tabela 4.2 : Normas de qualidade da água para consumo humano - IS: 10500-1991

S *Não*	Substância ou Caraterísticas	Limite desejável	Efeito indesejável	Limite admissível na ausência de fonte alternativa
	Caraterísticas essenciais			
1	Cor, unidades Hazen, máx.	5	Mais de 5 consumidores a aceitação diminui	25
2	Odor	Inaceitável	-	-
3	Gosto	Agradável	-	-
4	Turbidez NTU, máx.	5	Mais de 5 consumidores a aceitação diminui	10
5	Valor do pH	6,5 a 8,5	Para além disso, a água afectará a membrana mucosa e/ou o sistema de abastecimento de água	Sem relaxamento
6	Dureza total (como $CaCO_3$) mg/L, máx.	300	Incrustação na estrutura de abastecimento de água e efeitos adversos na utilização doméstica	600
7	Ferro (Fe) mg/L, máx.	0.3	Para além deste limite, o sabor/aparência são afectados, tem um efeito adverso nas utilizações domésticas e nas estruturas de abastecimento de água e promove as bactérias férricas	1.0
8	Cloretos mg/L, máx.	250	Para além deste limite, o sabor, a corrosão e a palatabilidade são afectados	1000
9	Cloro residual livre, mg/L, min.		0.2	-
	Caraterísticas desejáveis			
10	Sólidos dissolvidos, mg/L, máximo.	500	Para além desta palatabilidade diminui e pode causar ~~irritação gastro intestinal~~	2000
11	Cálcio, mg/L, máx.	75	Incrustação na estrutura de abastecimento de água e efeitos adversos na utilização doméstica	200
12	Magnésio, mg/, máx.	30	Incrustação na estrutura de abastecimento de água e efeitos adversos na utilização doméstica	100
13	Cobre, mg/L, máx.	0.05	Um gosto rigoroso, a descoloração e a corrosão dos tubos, acessórios e utensílios	1.5
14	Manganês, mg/L, máx.	0.1	Para além deste limite, o sabor/aparência são afectados, o que tem um efeito adverso nas utilizações domésticas e na água	0.3
15	Sulfato, mg/L, máx.	200	Para além deste limite, provoca irritação gastro-intestinal quando o magnésio ou	400
16	Nitrato, mg/L, máx.	45	Para além deste limite, ocorre metahemoglobinemia	100

17	Fluoreto, mg/L, máx.	1.0	Deve ser mantido o mais baixo possível. Um nível elevado de fluoreto pode causar fluorose	1.5
18	Compostos fenólicos, mg/L, max	0.001	Para além deste limite, pode provocar sabor e odor desagradáveis	0.002
19	Mercúrio, mg/L, máx.	0.001	Para além deste limite, a água torna-se tóxica	Sem relaxamento
20	Cádmio, mg/L, máx.	0.01	Para além deste limite, a água torna-se tóxica	Sem relaxamento
21	Selénio, mg/L, máx.	0.01	Para além deste limite, a água torna-se tóxica	Sem relaxamento
22	Arsénio, mg/L, máx.	0.05	Para além deste limite, a água torna-se tóxica	Sem relaxamento
23	Cianeto, mg/L, máx.	0.05	Para além deste limite, a água torna-se tóxica	Sem relaxamento
24	Chumbo, mg/L, máx.	0.05	Para além deste limite, a água torna-se tóxica	Sem relaxamento
25	Zinco, mg/L, máx.	5	Para além deste limite, pode provocar um sabor adstringente e uma opalescência na água	15
26	Detergentes aniónicos (como MBAS) mg/L, máx.	0.2	Para além deste limite, pode provocar uma ligeira espuma na água	1.0
27	Crómio, mg/L, máx.	0.05	Pode ser cancerígeno acima deste limite	Sem relaxamento
28	Óleo mineral mg/L, * máx.	0.01	Para além deste limite, verificam-se sabor e odor indesejáveis após a cloração	0.03
29	Pesticidas mg/L, máx.	Ausente	Tóxico	0.001
30	Materiais radioactivos: a) Emissores alfa Bq/1, máx. b) Emissores betapci/1, máx.			0.1 1
31	Alcalinidade mg/L, máx.	200	Para além deste limite, o sabor torna-se desagradável	600
32	Alumínio, mg/L, máx.	0.03	O efeito cumulativo pode causar demência	0.2
33	Boro, mg/L, máx.	1		5

COMPARAÇÃO DA CONCENTRAÇÃO DE FLUORETO APÓS DEZ ANOS

Quadro 4.3 : Resultado da análise das amostras de águas subterrâneas recolhidas no distrito de Sonbhadra

S. Não.	Aldeia	Parâmetros de qualidade da água							
		Estudo anterior		(2004)		Estudo atual(2014)			
(1)	(2)	pH (3)	Alcalinidade total como CaCO3 (mg/l) (4)	Dureza total como CaCO3 (mg/l) (5)	Fluoreto (mg/l) (6)	pH (7)	Alcalinidade total em Caco3 (mg/l) (8)	Dureza total como CaCO3 (mg/l) (9)	Fluoreto (mg/l) (10)
1	kudWariraNai	6.9	200	140	3.5	7.0	222	224	3.8

	basti	7.8	536	324	11.8	7.2 7.6 7.7	236 325 340 538	236 284 312 328	4.0 6.2 10.0 12.2
2	Jhirgadandi	6.6 7.4	244 376	196 308	2.8 6.3	6.6 6.9 7.2 7.2 '7.6	250 280 300 325 380	224 260 298 308 312	3.0 3.4 4.8 5.2 6.8
3	Piparhawa	6.6 7.7	128 570	214 428	0.2 5.5	6.6 6.9 7.0 7.0 7.2	125 200 228 320 434	236 320 368 382 432	0.6 0.8 1.0 4.8 6.0
4	Kusmaha	7.1 7.7	176 426	102 280	0.9 9.8	7.0 7.2 7.3 7.5 7.7	200 250 322 324 324	120 180 210 312 320	1.2 3.6 4.0 5.2 7.2
5	Gambhirpur	7.1 7.5	170 422	140 308	1.59 4.4	7.1 7.1 7.2 7.2 7.3	200 230 280 320 424	148 236 240 286 316	2.0 2.2 3.4 4.0 5.0
6	Khairahi	6.6 7.6	80 398	114 422	0.2 2.5	6.5 6.8 7.0 7.2 7.7	100 224 300 328 400	112 236 280 320 426	0.4 0.6 1.8 2.0 3.8
7	Raspahari	6.8 7.9	120 430	102 524	0.4 7.3	6.8 7.0 7.1 7.2 7.5	134 222 286 322 428	120 252 384 402 528	0.8 1.0 3.4 5.0 7.8
8	Karamdad	6.8 7.4	223 476	140 288	0.5 6.7	6.8 7.0 7.2 7.2 7.5	226 298 320 436 462	146 158 180 220 292	0.5 1.2 3.5 4.8 7.2
9	Manbasa	6.5 7.6	110 682	122 512	1.2 7.5	6.2 6.5 6.9 7.2 7.8	150 186 300 428 686	120 238 430 486	1.2 2.4 4.4 5.0 8.2
10	Kathauthi	7.0 8.0	240 370	102 344	0.7 7.8	7.0 7.2 7.5 7.2 7.8	248 260 326 360 372	124 220 250 312 348	0.9 2.4 3.5 5.0 8.2
11	Majhauli	7.1 8.0	238 478	138 388	0.9 5.8	7.3 7.4 7.8 8.0	230 320 360 476	130 182 230 394	1.4 2.2 4.6 6.2
12	Harwariya	6.8 7.4	-	-	1.4 4.9	6.8 7.0 7.4 7.5	320 328 430 460	120 186 230 422	1.4 2.6 5.0 5.4
13	Bardad	6.2 7.5	16 328	32 224	1.1 8.6	6.3 6.5 7.0	36 126 234	80 128 262 300	1.2 2.6 4.0

						7.4	332		8.8
14	Rajo	6.9 7.9	164 322	150 310	1.2 2.9	7.0 7.3 7.6 8.0	180 222 280 328	158 182 264 312	1.4 2.6 3.0 3.2
15	Bhantawari	7.0 9.0	96 880	66 372	2.4 4.8	7.2 7.6 8.0 8.2 9.0	120 320 436 568 884	82 126 248 346 376	2.6 2.9 3.6 3.8 5.2
16	Nemna	6.4 8.4	50 484	62 486	1.2 4.1	6.5 6.8 7.2 7.6 8.5	136 236 380 456 488	80 136 346 382 488	1.5 1.8 3.8 4.0 5.2
17	Samtarhawa	7.0 8.0	196 406	146 218	1.8 4.6	7.2 7.5 7.8 8.0	200 236 324 404	182 202 210 216	2.0 2.2 4.4 5.2
18	Rajmilan	6.8 8.0	84 378	116 378	0.7 6.5	6.8 7.0 7.5 7.8 8.0	120 230 346 360 382	146 264 350 362 386	1.0 1.9 3.6 5.0 7.0
19	Bichhiyari	7.1 7.2	258 462	158 374	1.9 3.3	7.2 7.3 7.3 7.4	280 320 366 460	182 246 348 382	2.0 2.2 2.8 3.8

ANÁLISE DOS DADOS, RESULTADOS E DISCUSSÃO

Variação da concentração de fluoreto com a alcalinidade

O efeito da alcanidade na concentração de fluoreto nas águas subterrâneas das amostras recolhidas em diferentes aldeias do distrito de Sonbhadra é apresentado nas Figuras 4.1 a 4.1t A maioria dos dados pertence a Jhirgadandi, Piparhawa, Raspahari, Manbasa, Majhuali. Samtharhawa, Kusmaha, Bardad, etc., mostram uma clara tendência de aumento do fluoreto em relação à alcalinidade, como se pode ver nas Fig. 4.1 a Fig. 4.1t.

No entanto, em Kathauthi não se regista esta tendência.

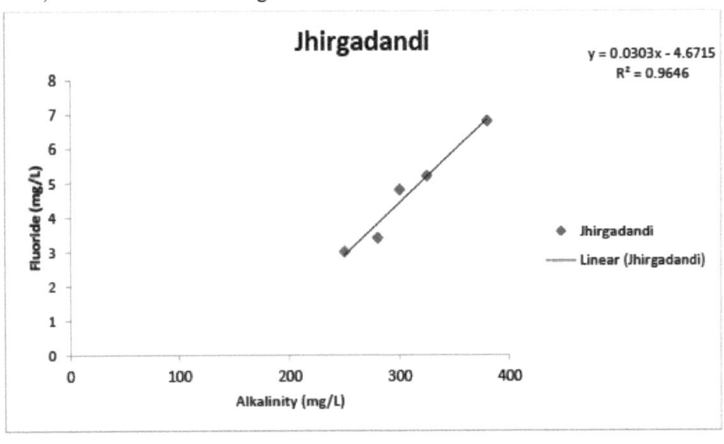

Fig4.1. Variação da concentração de fluoreto com a alcanidade

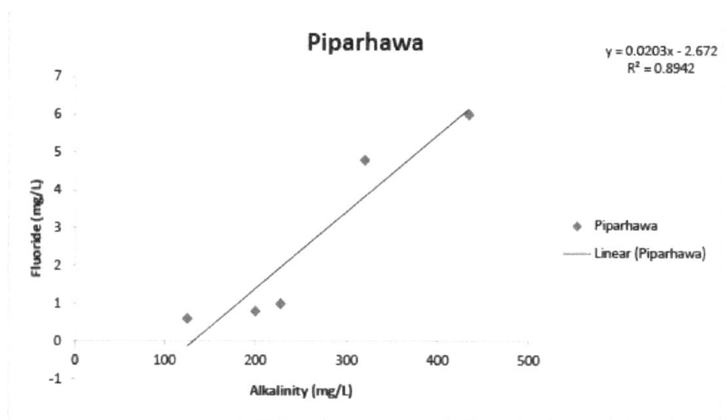

Fig4.1a. Variation of fluoride concentration with Alkanity

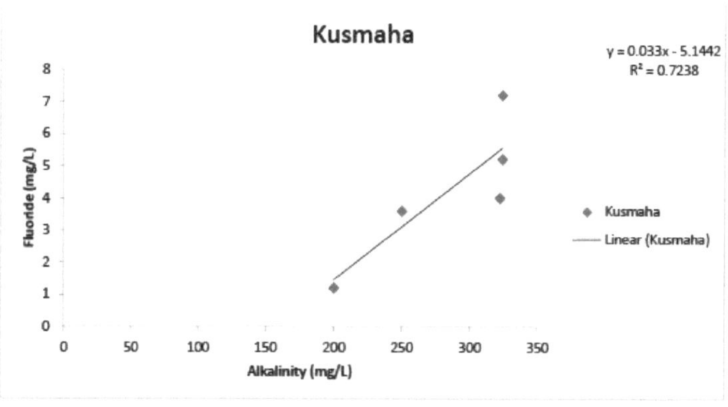

Fig4.1bVariation of fluoride concentration with Alkanity

Fig4.1a. Variação da concentração de fluoreto com a alcanidade

Fig4.1bVariação da concentração de fluoreto com a alcanidade

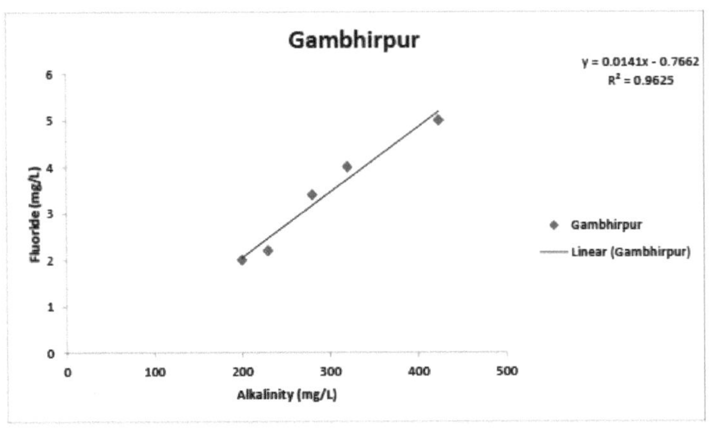

Fig4.1c Variation of fluoride concentration with Alkanity

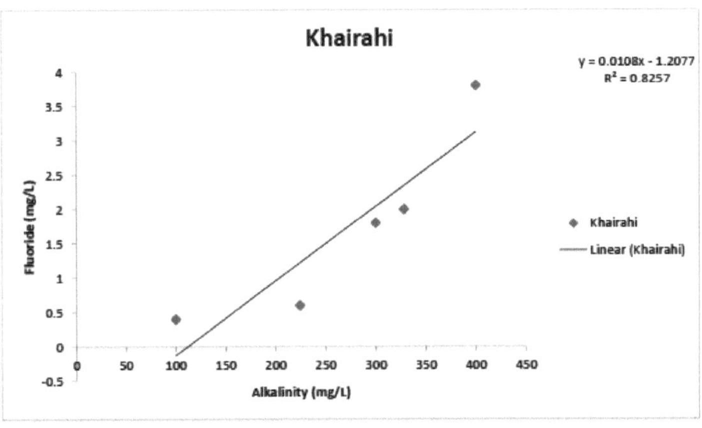

Fig4.1d Variation of fluoride concentration with Alkanity

Fig4.1c Variação da concentração de fluoreto com a alcanidade

Fig4.1d Variação da concentração de fluoreto com a alcanidade

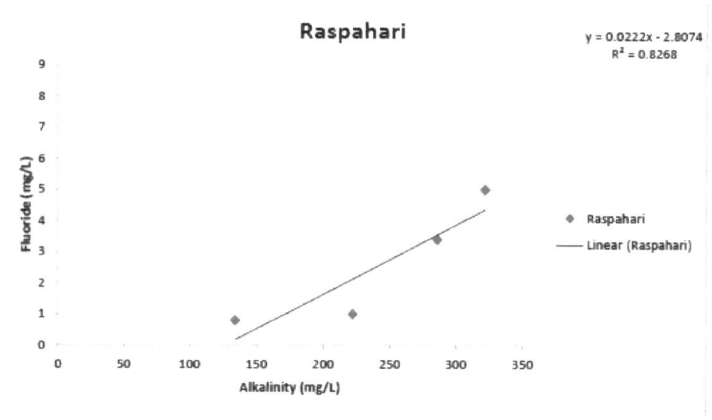

Fig4.1e Variation of fluoride concentration with Alkanity

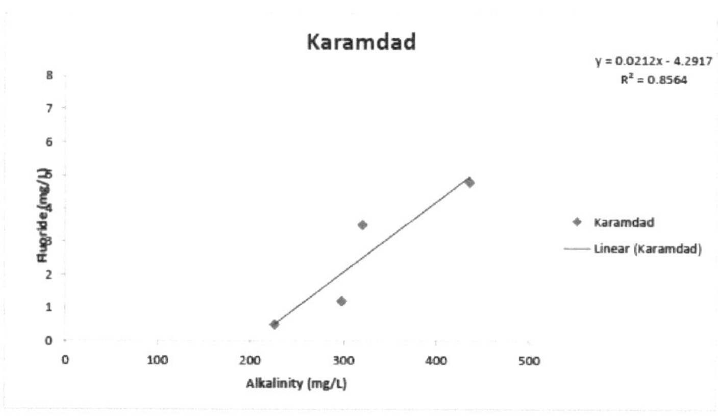

Fig4.1fVariation of fluoride concentration with Alkanity

Fig4.1e Variação da concentração de fluoreto com a alcanidade

Fig4.1fVariação da concentração de fluoreto com a alcanidade

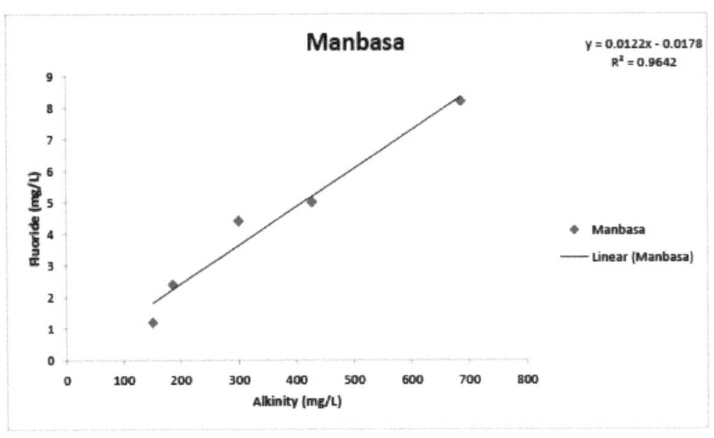

Fig4.1g Variation of fluoride concentration with Alkanity

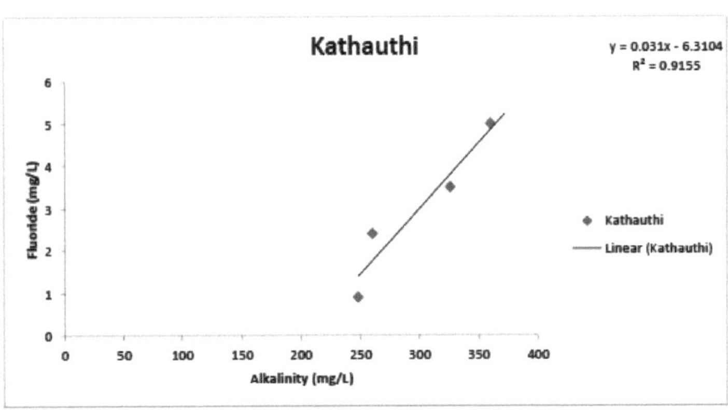

Fig4.1h Variation of fluoride concentration with Alkanity

Fig4.1g Variação da concentração de fluoreto com a alcanidade

Fig4.1h Variação da concentração de fluoreto com a alcanidade

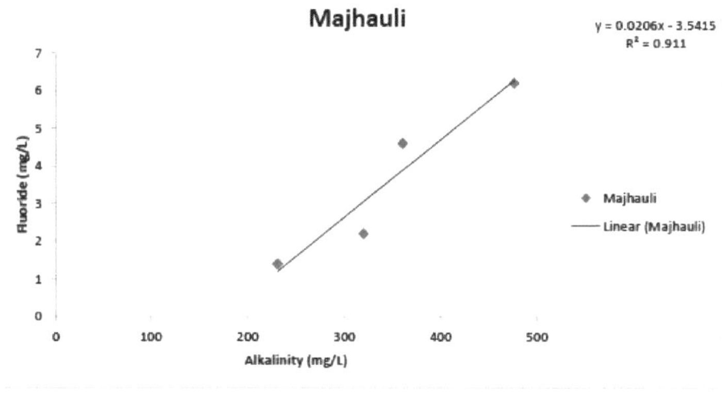

Fig4.1i Variation of fluoride concentration with Alkanity

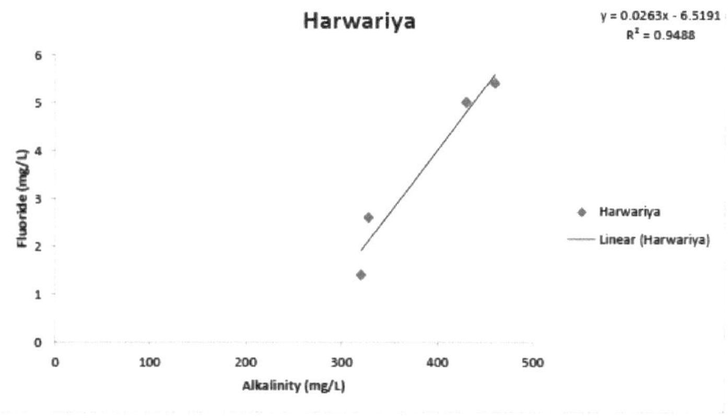

Fig4.1k Variation of fluoride concentration with Alkanity

Fig4.1i Variação da concentração de fluoreto com a alcanidade

Fig4.1k Variação da concentração de fluoreto com a alcanidade

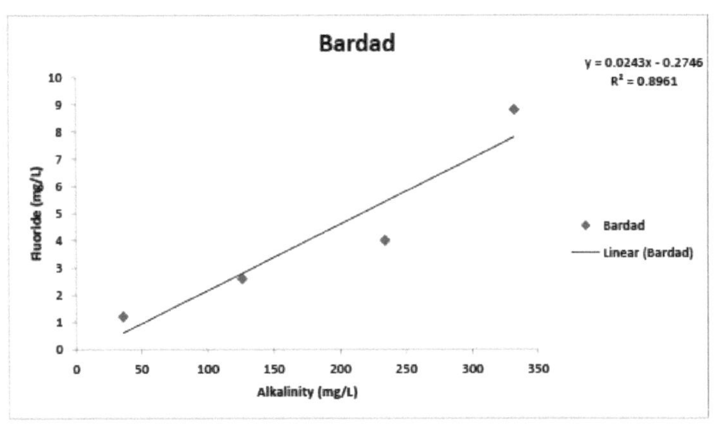

Fig4.1l Variation of fluoride concentration with Alkanity

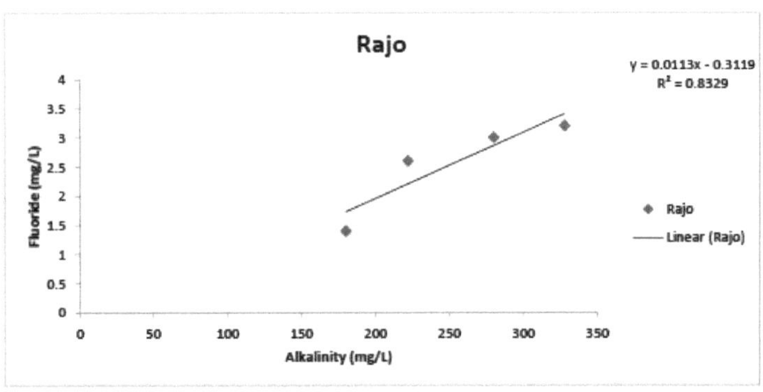

Fig4.1m Variation of fluoride concentration with Alkanity

Fig4.1l Variação da concentração de fluoreto com a alcanidade

Fig4.1m Variação da concentração de fluoreto com a alcanidade

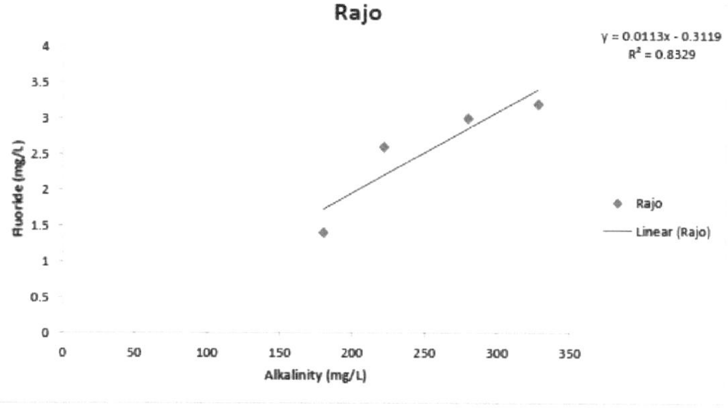

Fig4.1n Variation of fluoride concentration with Alkanity

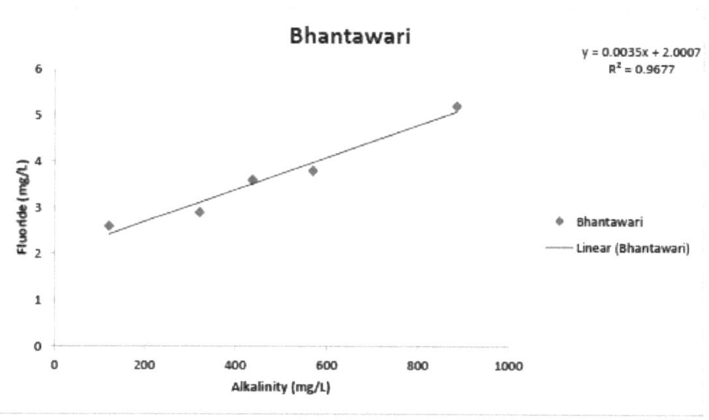

Fig4.1 o Variation of fluoride concentration with Alkanity

Fig4.1n Variação da concentração de fluoreto com a alcanidade

Fig4.1 o Variação da concentração de fluoreto com a alcanidade

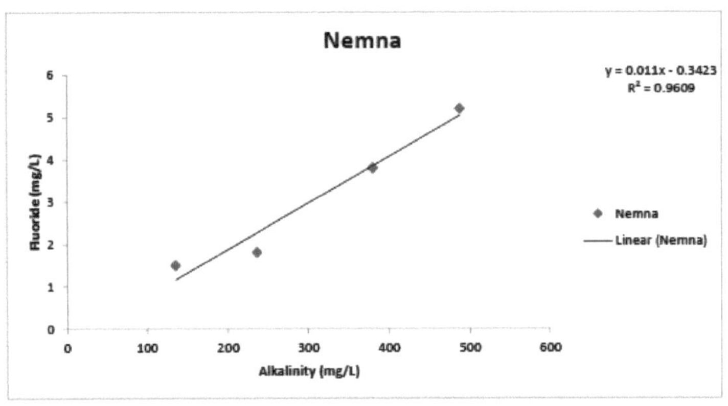

Fig4.1 qVariation of fluoride concentration with Alkanity

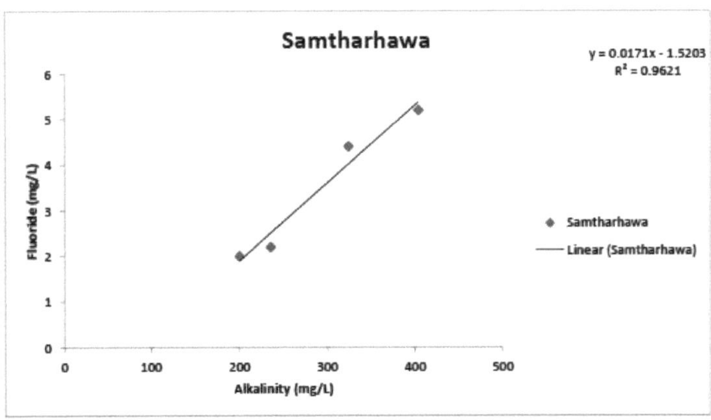

Fig4.1r Variation of fluoride concentration with Alkanity

Fig4.1 qVariação da concentração de fluoreto com a alcanidade

Fig4.1r Variação da concentração de fluoreto com a alcanidade

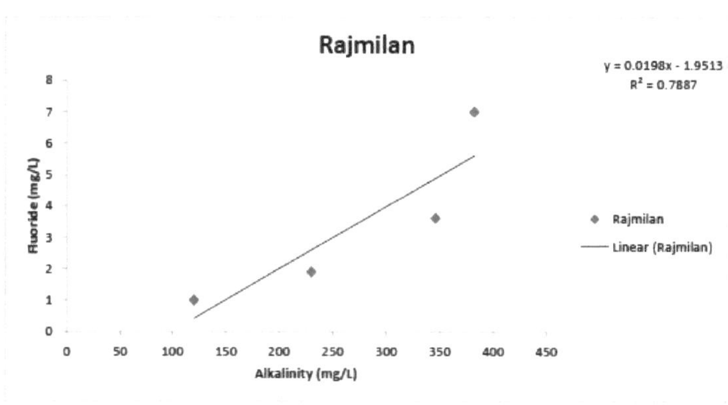

Fig4.1s Variation of fluoride concentration with Alkanity

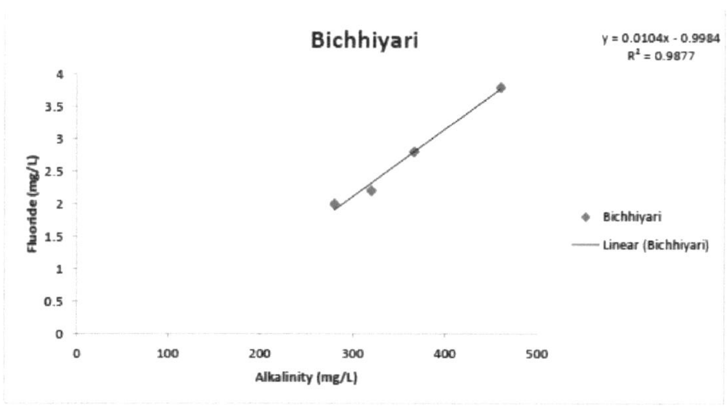

Fig4.1 t Variation of fluoride concentration with Alkanity

Fig4.1s Variação da concentração de fluoreto com a alcanidade

Fig4.1 t Variação da concentração de fluoreto com a alcanidade

Variação da concentração de fluoreto com o pH

O efeito do pH na concentração de fluoreto nas águas subterrâneas das amostras recolhidas em diferentes aldeias do distrito de Sonbhadra é apresentado nas Fig. 4.2 a a Fig. 4.2s.

A maior parte dos dados pertencem a Nai-basti, Raspahari, Manbasa, Majhuali. Samtharhawa, etc., mostram uma tendência clara de aumento do fluoreto em função do pH. No entanto, em Piparhawa e Kusmaha não se regista esta tendência.

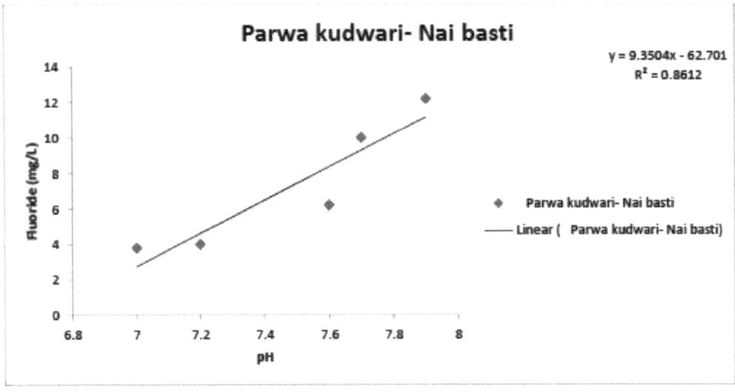

Fig. 4.2 a Variação da concentração de fluoreto com o pH

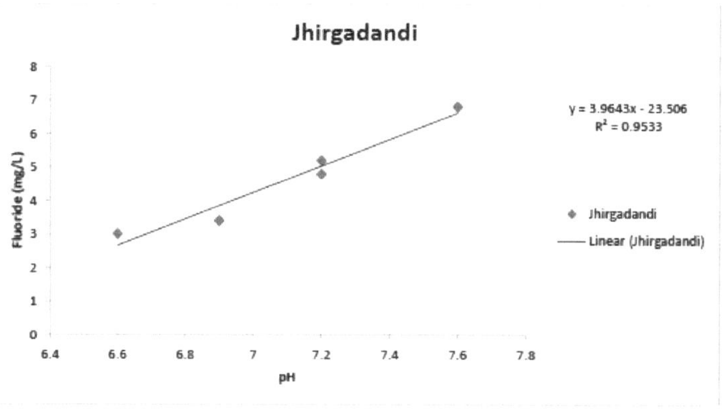

Fig. 4.2 b Variation of fluoride concentration with pH

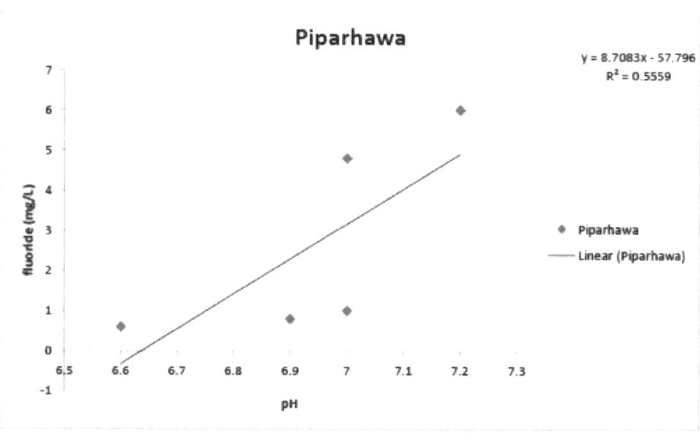

Fig. 4.2 c Variation of fluoride concentration with pH

Fig. 4.2 b Variação da concentração de fluoreto com o pH

Fig. 4.2 c Variação da concentração de fluoreto com o pH

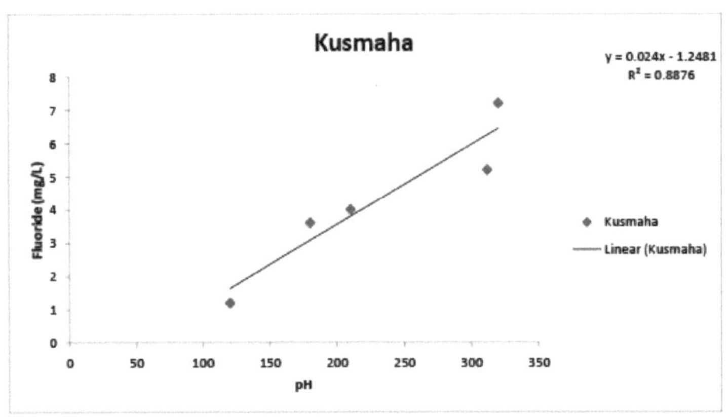

Fig. 4.2 d Variation of fluoride concentration with pH

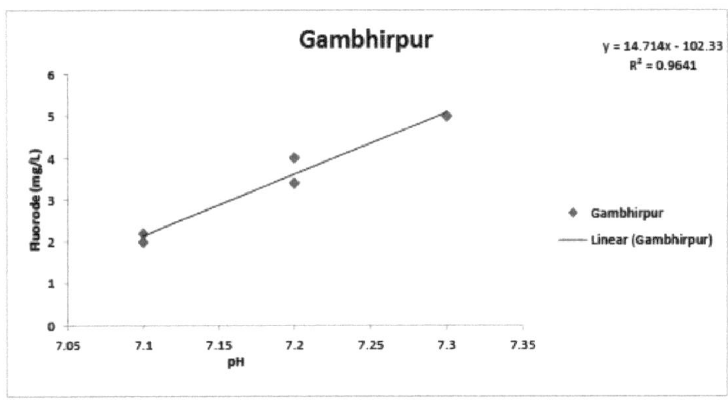

Fig. 4.2 e Variation of fluoride concentration with pH

Fig. 4.2 d Variação da concentração de fluoreto com o pH

Fig. 4.2 e Variação da concentração de fluoreto com o pH

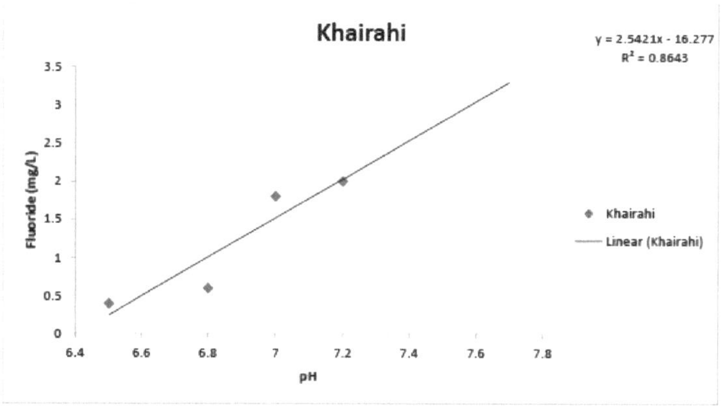

Fig. 4.2 fVariation of fluoride concentration with pH

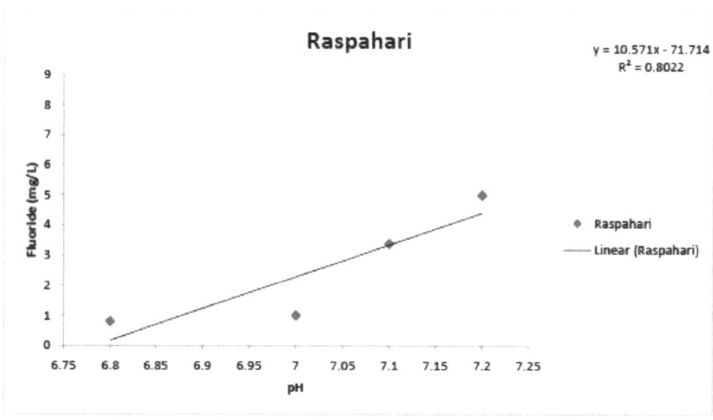

Fig. 4.2 g Variation of fluoride concentration with pH

Fig. 4.2 fVariação da concentração de fluoreto com o pH
Fig. 4.2 g Variação da concentração de fluoreto com o pH

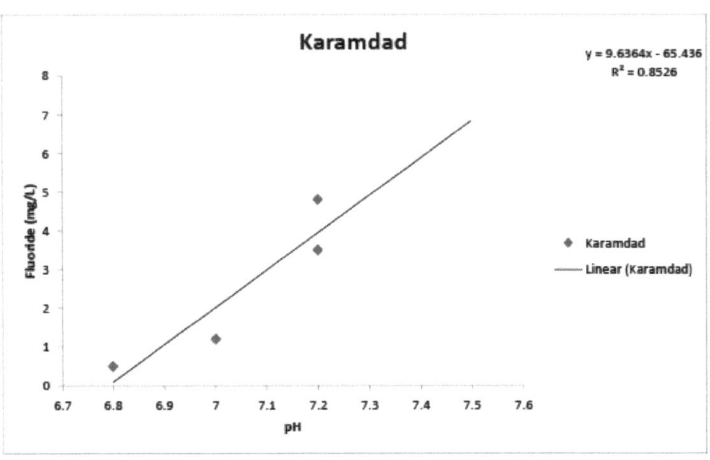

Fig. 4.2 h Variation of fluoride concentration with pH

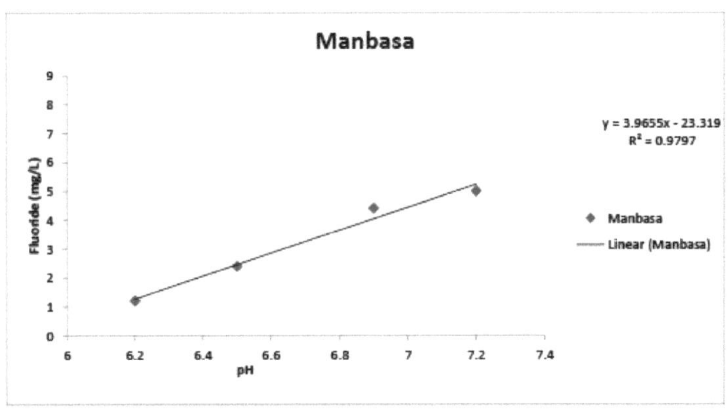

Fig. 4.2 I Variation of fluoride concentration with pH

Fig. 4.2 h Variação da concentração de fluoreto com o pH

Fig. 4.2 I Variação da concentração de fluoreto com o pH

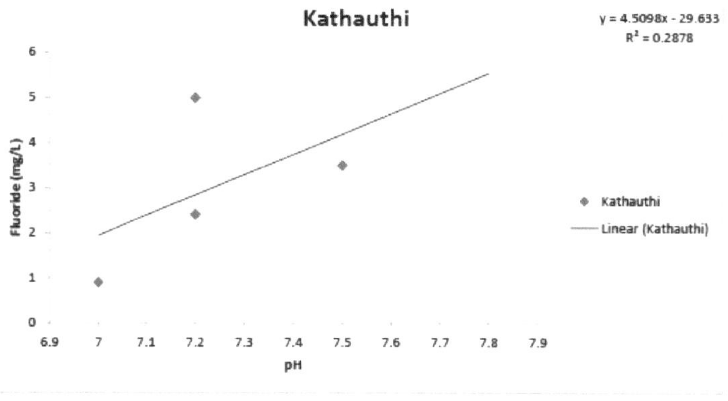

Fig. 4.2 J Variation of fluoride concentration with pH

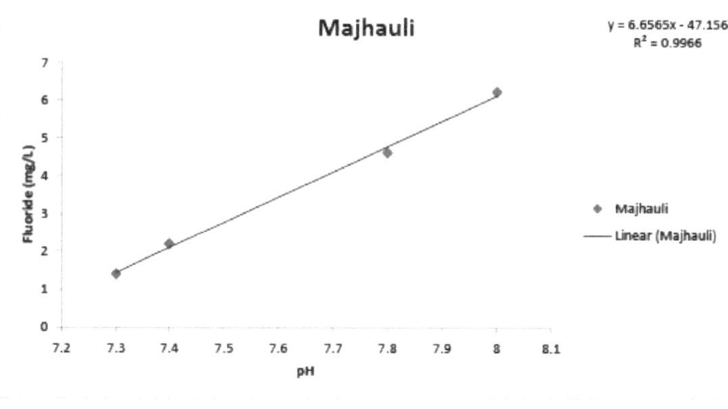

Fig. 4.2 k Variation of fluoride concentration with pH

Fig. 4.2 J Variação da concentração de fluoreto com o pH

Fig. 4.2 k Variação da concentração de fluoreto com o pH

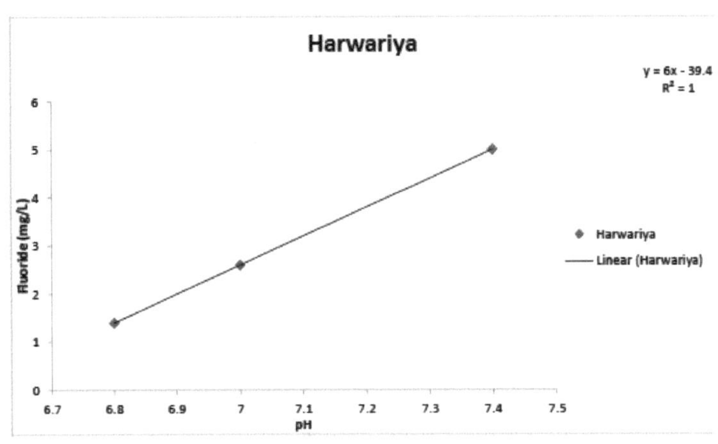

Fig. 4.2 l Variation of fluoride concentration with pH

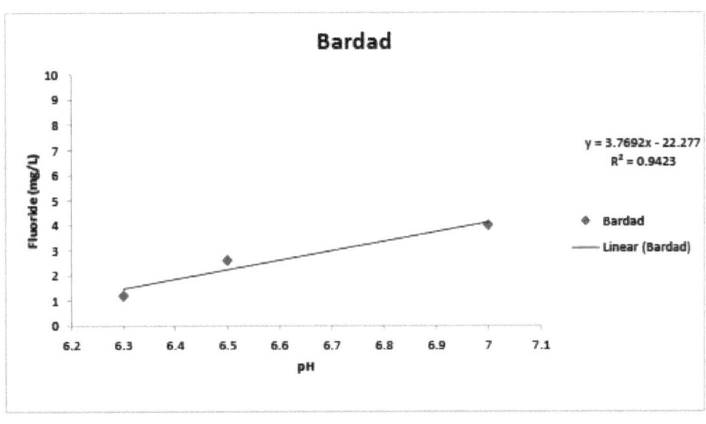

Fig. 4.2 m Variation of fluoride concentration with pH

Fig. 4.2 l Variação da concentração de fluoreto com o pH

Fig. 4.2 m Variação da concentração de fluoreto com o pH

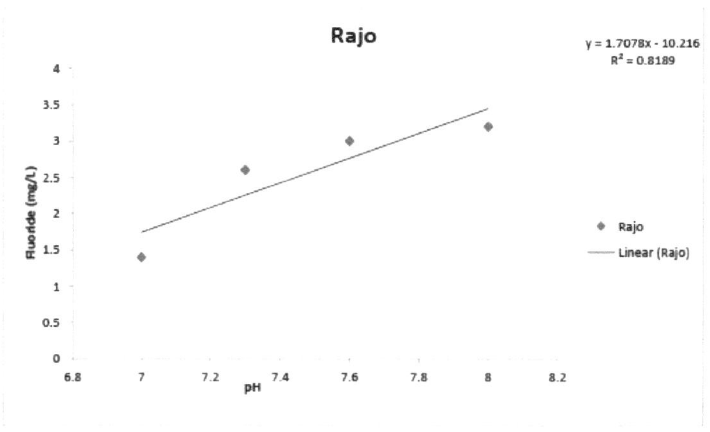

Fig. 4.2 n Variation of fluoride concentration with pH

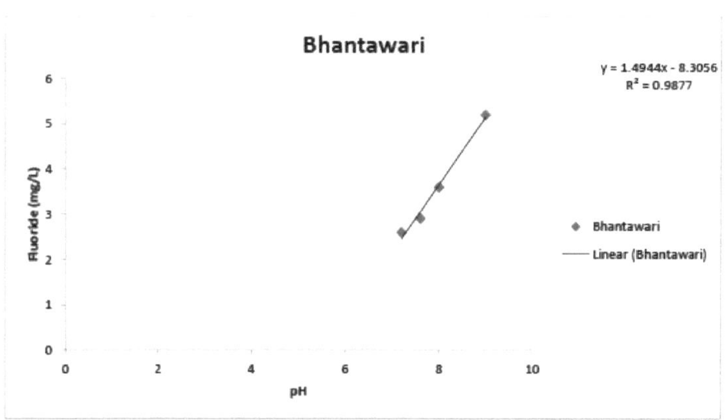

Fig. 4.2 0 Variation of fluoride concentration with pH

Fig. 4.2 n Variação da concentração de fluoreto com o pH

Fig. 4.2 0 Variação da concentração de fluoreto com o pH

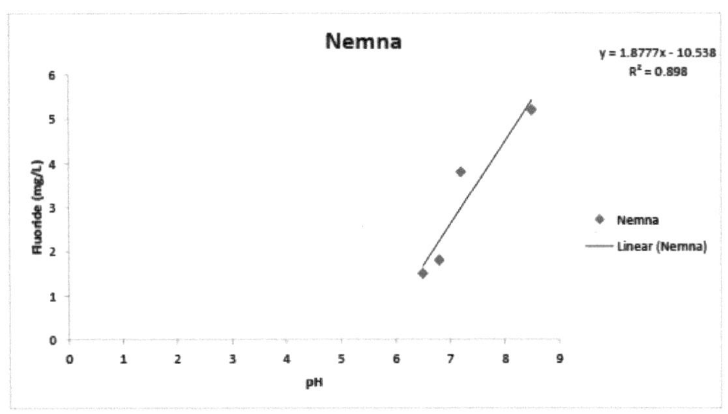

Fig. 4.2 p Variation of fluoride concentration with pH

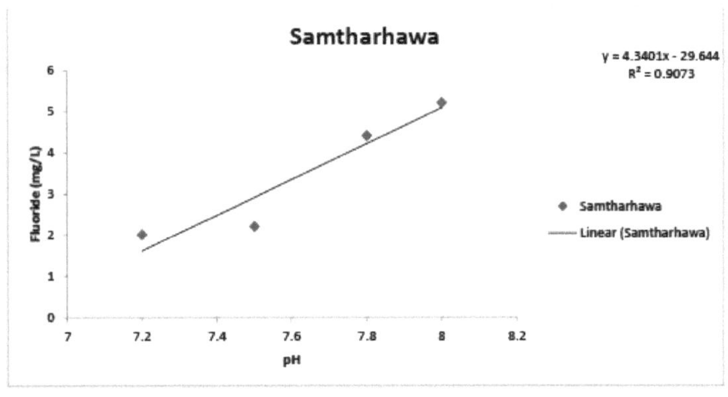

Fig. 4.2 q Variation of fluoride concentration with pH

Fig. 4.2 p Variação da concentração de fluoreto com o pH

Fig. 4.2 q Variação da concentração de fluoreto com o pH

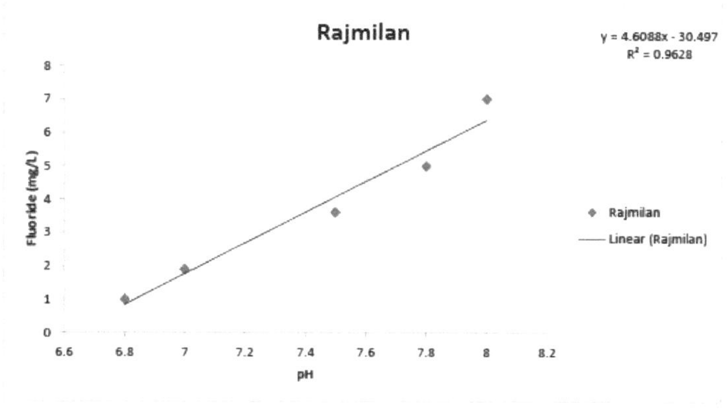

Fig. 4.2 r Variation of fluoride concentration with pH

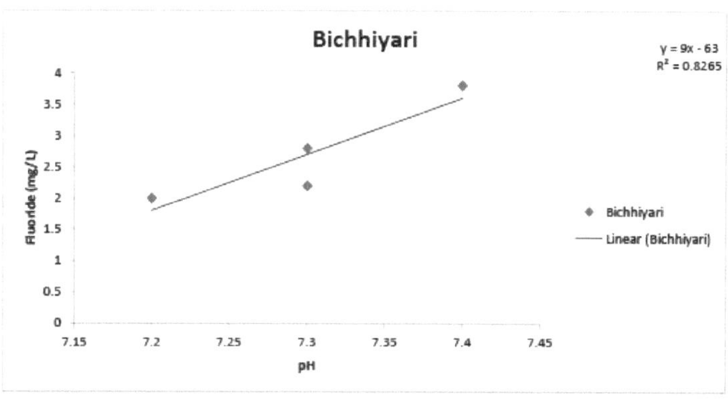

Fig. 4.2 s Variation of fluoride concentration with pH

Fig. 4.2 r Variação da concentração de fluoreto com o pH

Fig. 4.2 s Variação da concentração de fluoreto com o pH

Variação da concentração de fluoreto com a dureza

O efeito da dureza na concentração de fluoreto nas águas subterrâneas das amostras recolhidas em diferentes aldeias do distrito de Sonbhadra é apresentado nas Fig. 4.3a a Fig. 4.3s.

O resultado dos estudos é aqui apresentado. Na maioria das aldeias, a dispersão de dados é elevada, mas as tendências foram reveladas.

A maioria dos dados pertencentes a Nai-basti, Raspahari, Manbasa, Majhuali. Samtharhawa, etc., mostram uma clara tendência de aumento do fluoreto em relação à dureza. No entanto, em Piparhawa não se regista essa tendência.

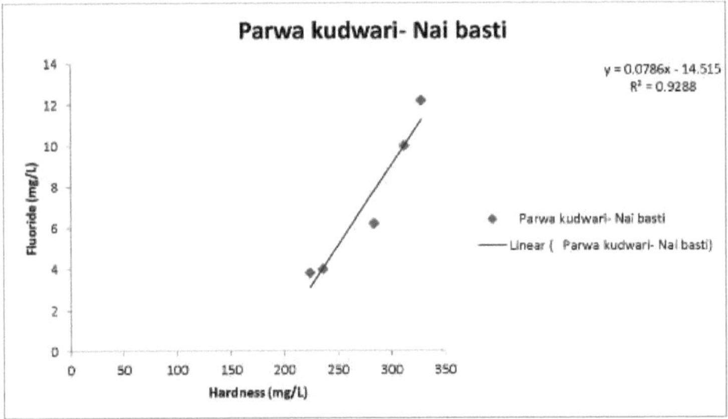

Fig. 4.3a Variação da concentração de fluoreto com a dureza

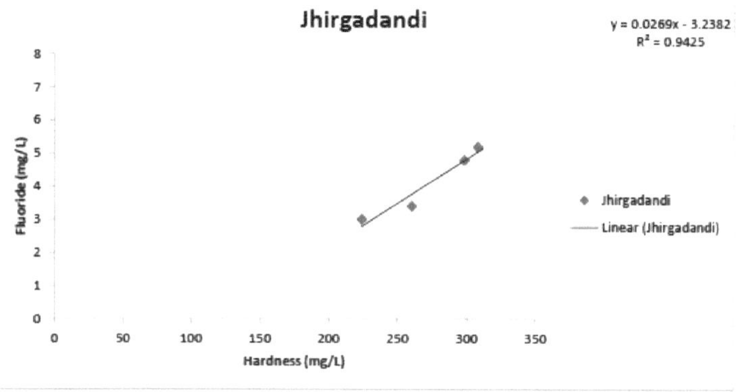

Fig. 4.3 b Variation of fluoride concentration with Hardness

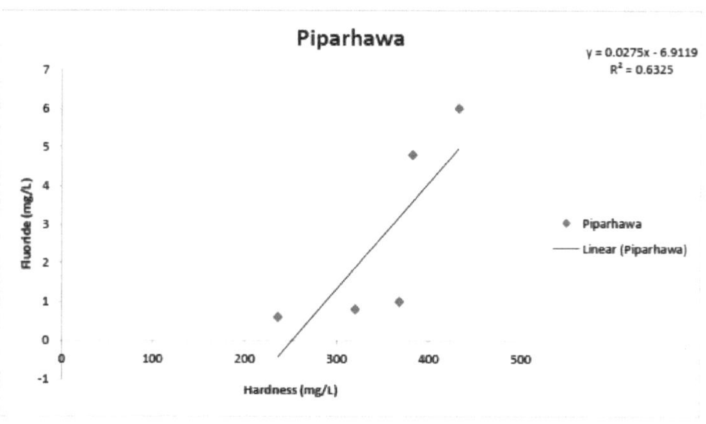

Fig. 4.3 c Variation of fluoride concentration with Hardness

Fig. 4.3 b Variação da concentração de fluoreto com a dureza
Fig. 4.3 c Variação da concentração de fluoreto com a dureza

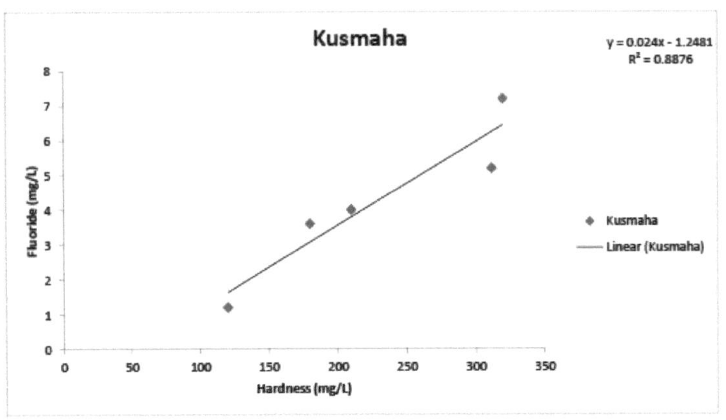

Fig. 4.3 d Variation of fluoride concentration with Hardness

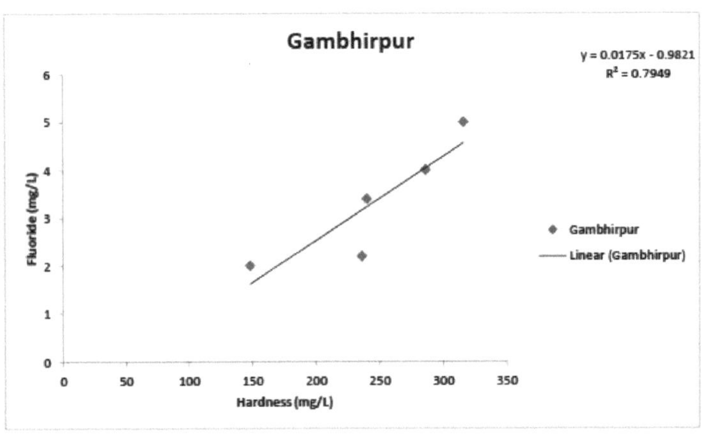

Fig. 4.3 e Variation of fluoride concentration with Hardness

Fig. 4.3 d Variação da concentração de fluoreto com a dureza
Fig. 4.3 e Variação da concentração de fluoreto com a dureza

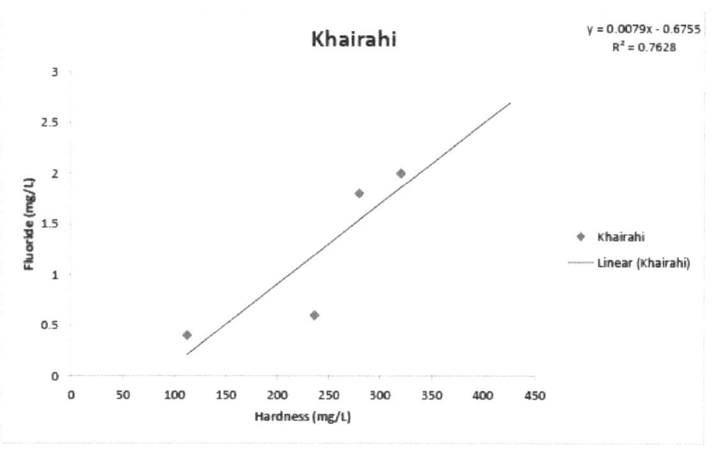

Fig. 4.3 f Variation of fluoride concentration with Hardness

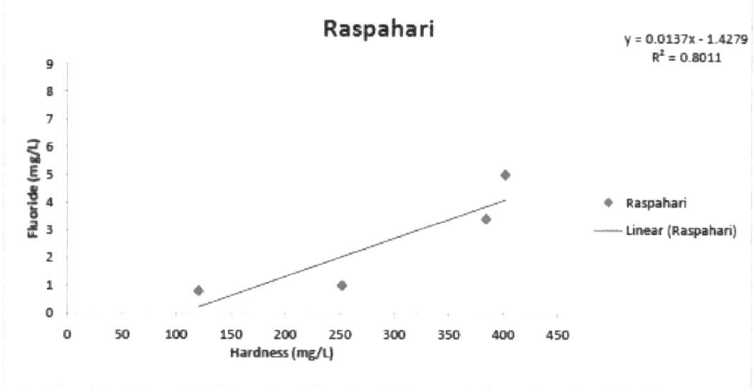

Fig. 4.3 g Variation of fluoride concentration with Hardness

Fig. 4.3 f Variação da concentração de fluoreto com a dureza

Fig. 4.3 g Variação da concentração de fluoreto com a dureza

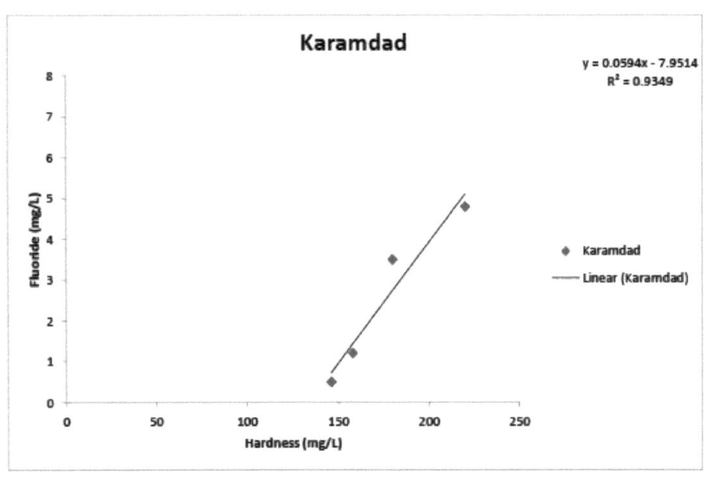

Fig. 4.3 h Variation of fluoride concentration with Hardness

Fig. 4.3 h Variação da concentração de fluoreto com a dureza

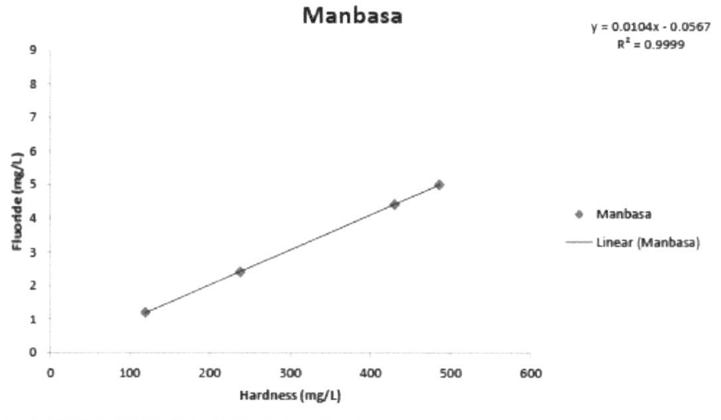

Fig. 4.3 I Variation of fluoride concentration with Hardness

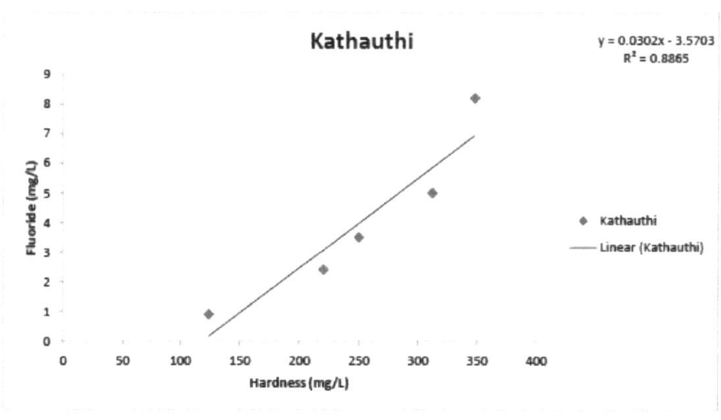

Fig. 4.3 j Variation of fluoride concentration with Hardness

Fig. 4.3 I Variação da concentração de fluoreto com a dureza

Fig. 4.3 j Variação da concentração de fluoreto com a dureza

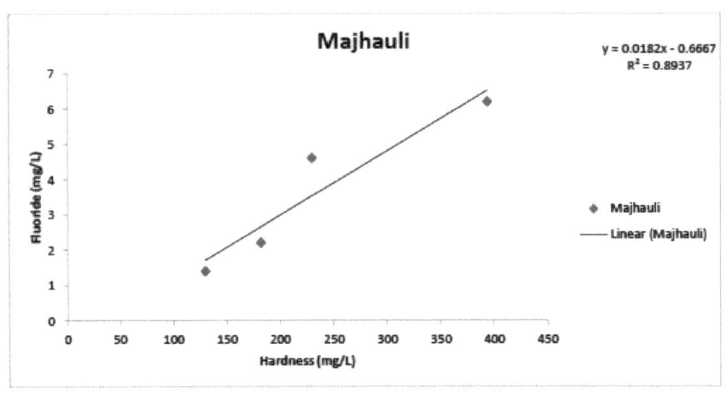

Fig. 4.3 k Variation of fluoride concentration with Hardness

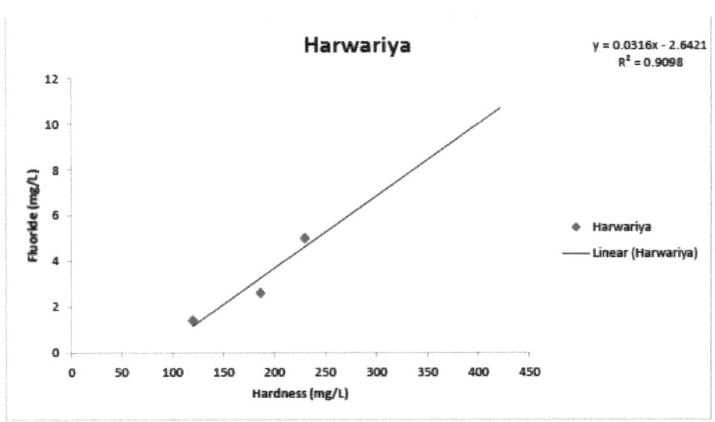

Fig. 4.3 l Variation of fluoride concentration with Hardness

Fig. 4.3 k Variação da concentração de fluoreto com a dureza

Fig. 4.3 l Variação da concentração de fluoreto com a dureza

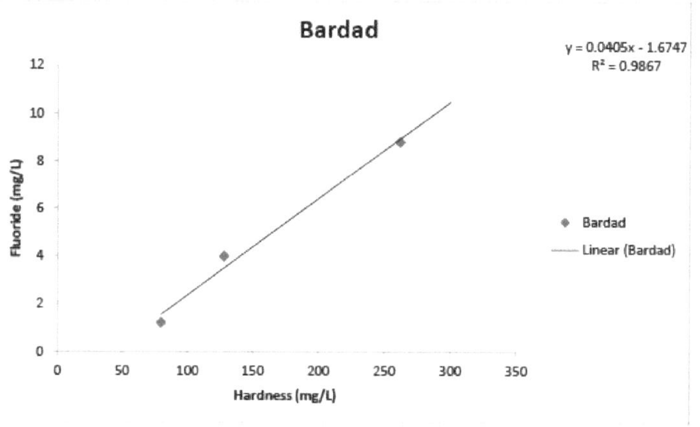

Fig. 4.3 m Variation of fluoride concentration with Hardness

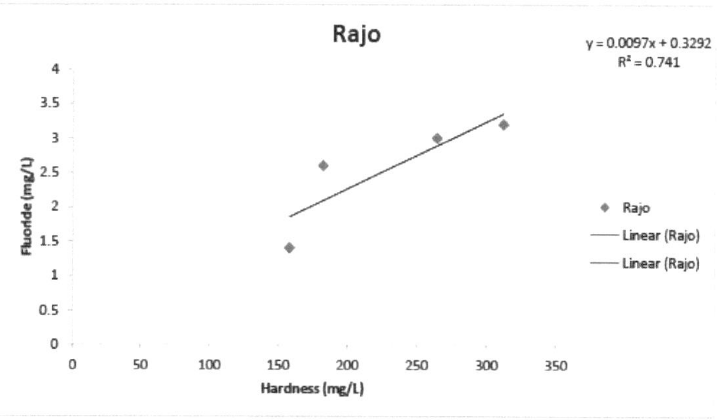

Fig. 4.3 n Variation of fluoride concentration with Hardness

Fig. 4.3 m Variação da concentração de fluoreto com a dureza

Fig. 4.3 n Variação da concentração de fluoreto com a dureza

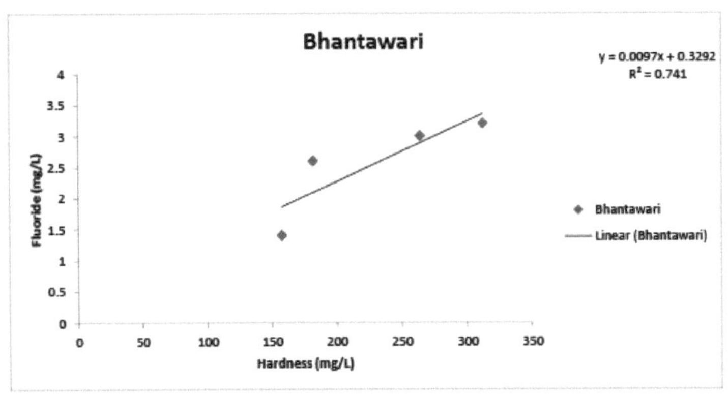

Fig. 4.3 q Variation of fluoride concentration with Hardness

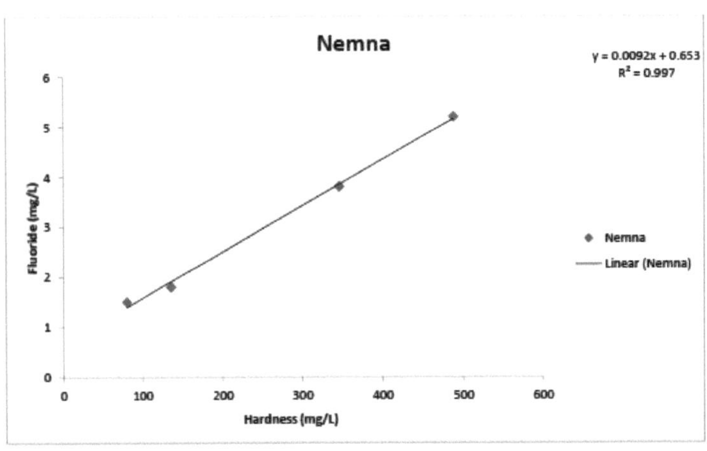

Fig. 4.3 r Variation of fluoride concentration with Hardness

Fig. 4.3 q Variação da concentração de fluoreto com a dureza

Fig. 4.3 r Variação da concentração de fluoreto com a dureza

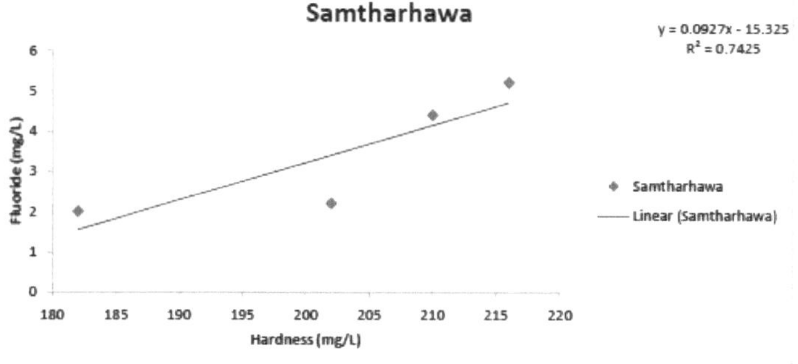

Fig. 4.3 s Variation of fluoride concentration with Hardness

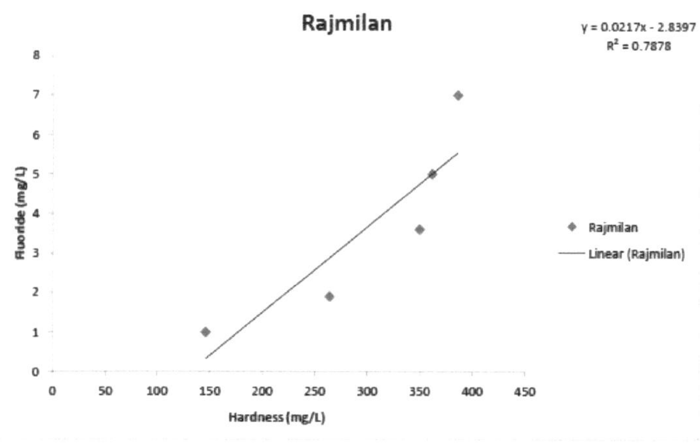

Fig. 4.3 t Variation of fluoride concentration with Hardness

Fig. 4.3 s Variação da concentração de fluoreto com a dureza

Fig. 4.3 t Variação da concentração de fluoreto com a dureza

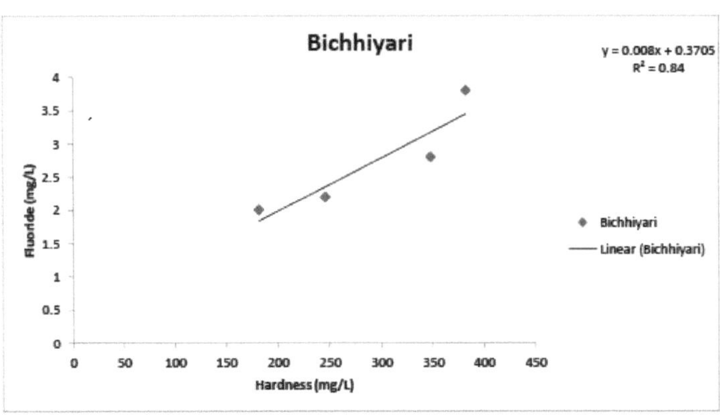

Fig 4.3 u Variação da concentração de fluoreto com a dureza

Noventa amostras de águas subterrâneas do distrito de Sonbhadra foram recolhidas e analisadas, tendo-se verificado que a concentração de fluoreto em diferentes aldeias, nomeadamente Piparhawa, Khairahi Raspahari, Manbasa, Majhuali, Samtharawa, Kusmaha, Gambhirpur, Burdad, Kathauthi, Nai-basti, Karamdad, Harwariya, Rajo, Bhantawari, nemna, Rajmilan, Bichhiyari, se situa entre 0.4 mg/L a 12,2 mg/L em julho de 2014, o que indicou o enorme aumento da concentração de fluoreto em comparação com o ano de 2004, que foi encontrado como 0,2 mg/L a 11,8 mg/L.

Preparação de nanopartículas

Método de preparação de nanopartículas

Os produtos químicos utilizados neste estudo foram o cloreto ferroso, o cloreto férrico, a solução de amoníaco, a acetona e o ácido clorídrico. O cloreto férrico e o cloreto ferroso foram misturados numa proporção molar de 2:1. As soluções de Fe^{2+} e Fe^{3+} foram preparadas fazendo as suas soluções aquosas em água destilada e esta solução contendo ambos os iões foi então aquecida até 40^0 durante 10 min. Após o aquecimento, a solução foi precipitada por uma solução de amoníaco com agitação contínua no agitador magnético a 40^0 C. Foram precipitadas partículas de cor preta de óxido de ferro. Estas partículas foram então separadas da solução utilizando um íman forte e depois foram lavadas várias vezes com HCL diluído para remover o excesso de grupos OH^- . Finalmente, estas partículas foram lavadas com acetona e secas durante a noite numa estufa de ar quente a 60^0 C.

Caracterização de nanopartículas de ferro preparadas por XRD e SEM Microscópio eletrónico de varrimento (SEM). As nanopartículas preparadas foram caracterizadas por XRD e SEM. O resultado do XRD é apresentado na tabela 4.4 e na Fig. 4.5. A fotografia SEM das nanopartículas preparadas é apresentada na Fig. 4.4, o que indica que a maior parte das nanopartículas.

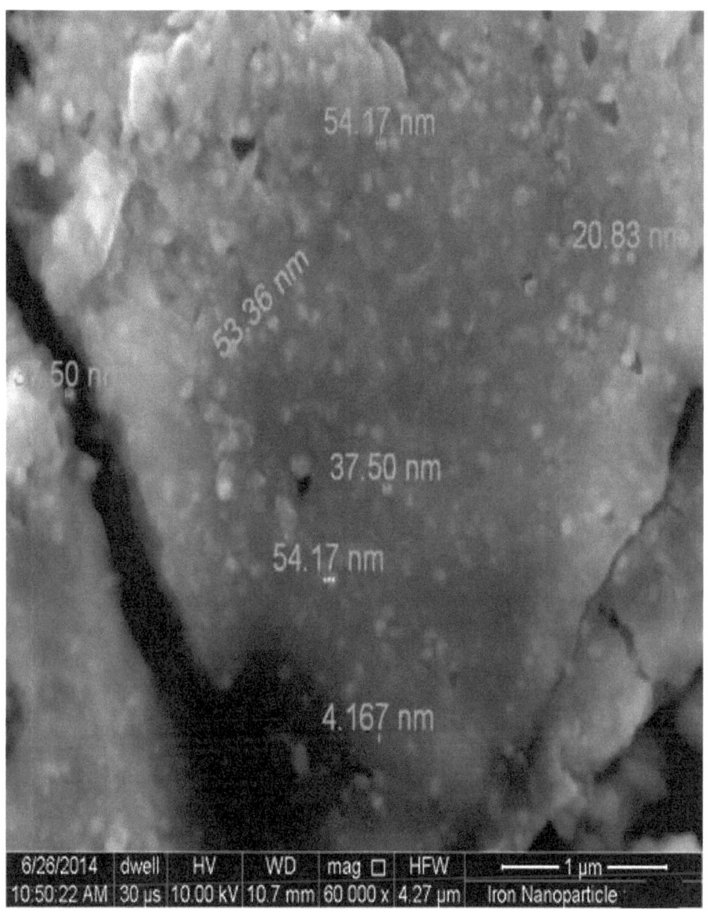
54.17 nm
20.83 nm
53.36 nm
37.50 nm
54.17 nm
4.167 nm
6/26/2014 dwell HV WD mag HFW
10:50:22 AM 30 µs 10.00 kV 10.7 mm 60 000 x 4.27 µm
1 µm
Iron Nanoparticle

Fig. 4.4

Fig 4.5 Caracterização das nano partículas de ferro preparadas

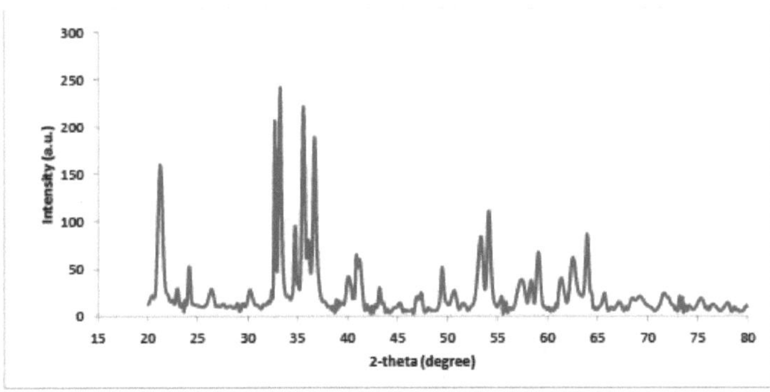

Fig 4.5 Difração de raios X em pó (XRD)

Quadro 4.4 . Difração de raios X em pó (XRD)

Não.	2-theta(deg)	d(ang.)	Altura (cps)	FWHM(deg)	Int. I(cps deg)	Int. W(deg)	Fator de assimetria
1	21.29(2)	4.169(4)	107(13)	0.46(2)	60.1(19)	0.56(9)	1.4(3)
2	24.21(4)	3.674(7)	30(7)	0.22(3)	7.3(10)	0.24(9)	1.7(14)
3	26.40(8)	3.373(10)	13(5)	0.44(7)	6.7(10)	0.5(3)	1.6(3)
4	30.15(9)	2.962(8)	11(4)	0.42(7)	5.2(10)	0.5(3)	0.7(6)
5	32.695(8)	2.7367(7)	184(18)	0.124(10)	31.1(11)	0.17(2)	1.1(3)
6	33.201(14)	2.6961(11)	165(17)	0.286(13)	64.8(15)	0.39(5)	0.71(14)
7	34.755(11)	2.5791(8)	60(10)	0.19(3)	17.8(10)	0.29(7)	1.3(8)
8	35.544(14)	2.5236(10)	151(16)	0.30(2)	72(3)	0.48(7)	0.53(10)
9	36.718(15)	2.4456(10)	127(15)	0.28(3)	56(2)	0.44(7)	1.5(3)
10	41.15(6)	2.192(3)	35(8)	0.65(9)	36(2)	1.0(3)	1.7(7)
11	43.24(4)	2.091(2)	16(5)	0.25(5)	4.8(9)	0.31(16)	4(3)
12	47.17(11)	1.925(4)	10(4)	0.54(8)	5.9(9)	0.6(3)	1.2(8)
13	49.50(6)	1.840(2)	31(7)	0.31(4)	11.3(9)	0.37(12)	1.8(4)
14	50.76(3)	1.7970(9)	12(5)	0.44(8)	6.2(8)	0.5(2)	5(4)
15	53.33(5)	1.7164(14)	48(9)	0.59(4)	31.0(16)	0.64(15)	1.6(5)
16	54.09(4)	1.6942(10)	68(11)	0.38(3)	28.6(15)	0.42(9)	0.8(3)
17	57.30(8)	1.607(2)	19(6)	0.78(8)	15.8(13)	0.8(3)	0.8(3)
18	58.316(17)	1.5810(4)	47(9)	0.130(17)	6.5(7)	0.14(4)	1.5(7)
19	59.07(5)	1.5626(11)	43(8)	0.37(3)	16.9(12)	0.39(11)	1.4(6)
20	61.30(7)	1.5109(14)	23(6)	0.45(6)	10.9(9)	0.48(17)	0.5(3)
21	62.42(6)	1.4865(13)	32(7)	0.74(6)	25.1(14)	0.8(2)	0.36(13)
22	63.95(5)	1.4545(9)	50(9)	0.42(3)	22.0(16)	0.44(11)	1.1(4)
23	71.7(2)	1.315(3)	8(4)	0.70(14)	6.2(14)	0.7(5)	1.2(4)

A placa 4.17 mostra o padrão XRD das nanopartículas de ferro preparadas pelo método-1 em meio de azoto. Os picos de difração a 20 = 30,15°, 35,544° 36,718°, 43,24° 35,47°, 53,33° 57,03°, 62,42° coincidem bem com os do cartão JDPCS (19-0629) para magnetite.

4.1.4.3. Análise da área superficial Brunauer Emmett Teller (BET)

A área de superfície do adsorvente foi medida utilizando um analisador de área de superfície Micromeritics ASAP 2020 BET. De acordo com o teste BET, a área de superfície das nanopartículas de ferro preparadas e não carregadas é de 29,235 m^2 /g e 7,381 m^2 /g, respetivamente. A partir do teste, verifica-se claramente que, devido à adsorção de fluoreto da água da amostra, a área de superfície das nanopartículas de ferro carregadas preparadas diminui 74,75% em relação à área de superfície das nanopartículas de ferro não carregadas preparadas da mesma forma.

Tabela 4.5 Remoção de fluoreto em relação à dosagem de adsorvente (mg/L).

Número de série.	Adsorvente Dosagem (mg/L)	Concentração inicial (mg/L)	Concentração de equilíbrio [(mg/L)]	Remoção de Fluoreto (%)	Temperatura 0C
1	0.05	10.0	6.8	62	25
2	0.50	10.0	3.2	68	25
3	1.0	10.0	2.9	71	25
4	1.5	10.0	2.4	76	25
5	2.0	10.0	2.0	80	25
6	2.5\	10.0	1.4	86	25
7	3.0	10.0	0.6	94	25

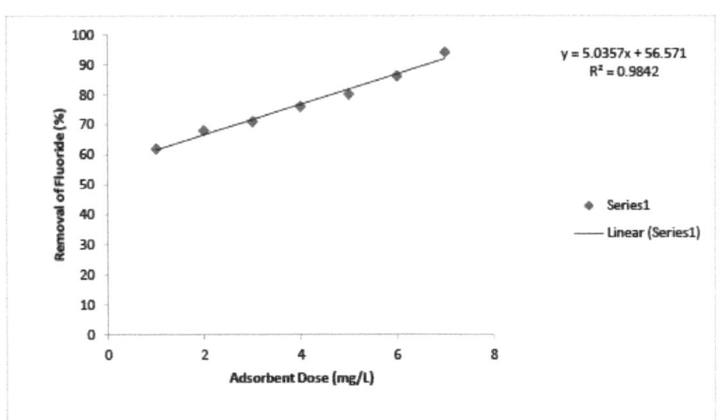

Fig. 4.8. Remoção de fluoreto com diferentes doses de absorvente (mg/L)

Tabela 4.6 : Remoção de fluoreto em função do pH.

Número de série.	PH	Adsorvente Dosagem (mg/L)	Concentração inicial [(mg/L)]	Concentração de equilíbrio [g/L(m)]	Remoção de fluoreto (%)
1	2.0	1.0	10.0	0.8	92.0
2	4.0	1.0	10.0	1.4	86.0
3	6.0	1.0	10.0	1.9	81.0
4	8.0	1.0	10.0	2.4	76.0
5	10.0	1.0	10.0	2.9	71.0
6	12.0	1.0	10.0	3.2	68.0

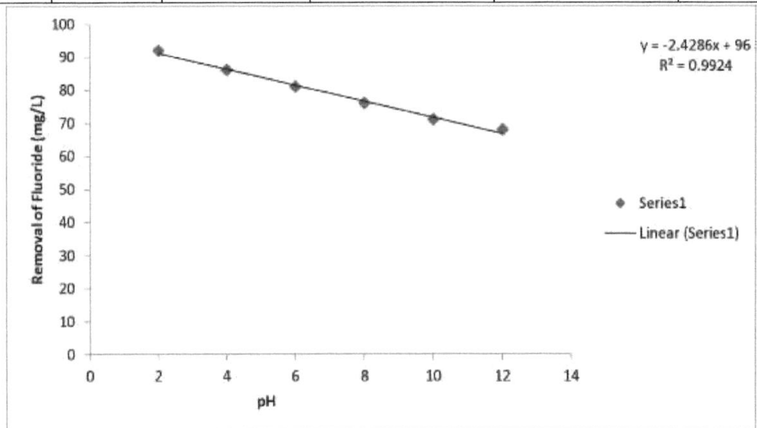

Fig 4.9: Remoção de fluoreto em diferentes níveis de pH

Tabela 4.7 : Remoção de fluoreto em função do tempo de contacto

Número de série.	Tempo de contacto (min)	Adsorvente Dosagem (mg/L)	Concentração inicial [(mg/L)]	Concentração de equilíbrio [(mg/L)]	Remoção de fluoreto (%)
1	20.0	1.0	10.0	3.0	70
2	40.0	1.0	10.0	2.6	74
3	60.0	1.0	10.0	1.8	82
4	90.0	1.0	10.0	1.3	87
5	120.0	1.0	10.0	0.7	93

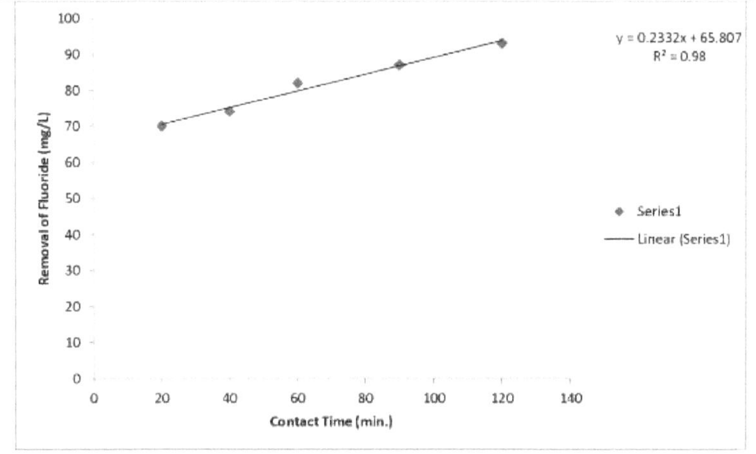

Fig 4.10: Remoção de fluoreto em diferentes tempos de contacto (min.)

Tabela 4.8 Remoção de fluoreto em relação à concentração inicial.

Número de série.	Concentração de fluoreto (mg/L)	Adsorvente Dosagem (mg/L)	Concentração inicial [(mg/L)]	Concentração de equilíbrio [(mg/L)]	Remoção de Fluoreto (%)
1	10.0	1.0	2.0	0.18	91
2	10.0	1.0	4.0	0.48	88
3	10.0	1.0	6.0	1.2	80
4	10.0	1.0	8.0	2.08	74
5	10.0	1.0	10.0	3.0	70
6	10.0	1.0	12.0	4.32	64

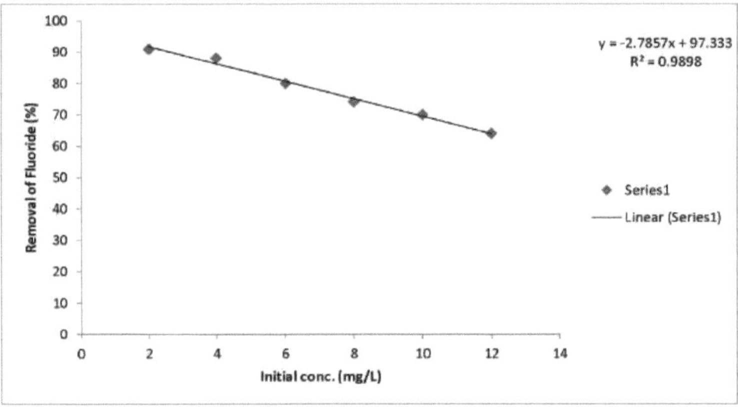

Fig. 4.11: Remoção de fluoreto com diferentes concentrações iniciais (mg/L)

A remoção de fluoreto por nano partículas de ferro foi feita em função da variação do pH, do tempo de contacto (min.) e da concentração inicial (mg/L). A percentagem de remoção de fluoreto em relação ao pH, ao tempo de contacto (min) e à concentração inicial de mg/L situa-se entre 64 e 91%, 72 e 93%, 68 e 92%, 62 e 94%, respetivamente.

CONCLUSÃO

O trabalho experimental tem como objetivo final o desenvolvimento de um sistema preciso para remover o flúor da água ou das águas residuais utilizando nano materiais potentes. As nanopartículas de flúor da água contaminada apresentam um grande potencial devido à sua compatibilidade ambiental e rentabilidade. Para obter os valores experimentais, que podem ser aplicados na conceção de uma estação de tratamento no terreno, pode recorrer-se à ajuda de várias experiências realizadas em laboratório.

No presente estudo, foram consideradas diferentes variáveis, como o pH, a temperatura, o tempo, a velocidade de agitação e a dosagem de nanomateriais para a remoção de fluoreto. A avaliação da imobilidade dos nanomateriais para remover o flúor da água tem um significado global devido à disponibilidade generalizada e ao baixo custo dos nanomateriais. Neste estudo, a capacidade de diferentes nanomateriais removerem o flúor da água contaminada foi comparada com o desempenho da remoção de arsénio em carvão ativado (um adsorvente reconhecido e amplamente testado).

As experiências efectuadas durante o presente trabalho indicam o potencial dos nanomateriais para remover o fluoreto em condições laboratoriais. No entanto, o impacto de diferentes condições do sistema, como o efeito da temperatura, do pH e da presença de outros metais e compostos, precisa de ser mais estudado. A modificação da superfície dos nanomateriais pode também ser um fator importante que afecta o desempenho da remoção e precisa de ser mais bem caracterizada. Cada uma destas questões pode ser abordada no âmbito de trabalhos futuros. As nanopartículas comportam-se de forma diferente de outras partículas de dimensão semelhante. Por conseguinte, é necessário desenvolver abordagens especializadas para testar e monitorizar os seus efeitos na saúde humana e no ambiente. Quando os materiais são transformados em nanopartículas, o rácio entre a área de superfície e o volume aumenta. medida que a utilização de nanomateriais aumenta em todo o mundo, as preocupações com a segurança dos trabalhadores e dos utilizadores devem ser monitorizadas.

REFERÊNCIAS

Yadav, A. K. e Khan, P. (2010), *'Fluoride and Flurosis Status in Groundwater of Todaraisingh Area of District Tonk(Rajasthan, India): A Case Study"*, International Journal of Chemical, Environmental and Pharmaceutical Research, Vol. 1, No. 1, 6-11 maio-agosto, 2013.

Bhaumil, Madhumita.Leswifi, T. Y. Yvonne, (2010). Remoção de fluoreto de solução aquosa por nanocompsito magnético de fe3o4. (CSIR) ÁFRICA DO SUL.

E. Kruse, J. Ainchil, Variações de fluoreto nas águas subterrâneas de uma área na província de Buenos Aires, Argentina Environ. Geol. 44 (2003) 86-89.

WRC, Distribution of fluoride-rich groundwater in Eastern and Mogwase region of Northern and North-west province, WRC Report No. 526/1/01 1.1-9.85 Pretoria, 2001.Abe, S. Iwasaki, T. Tokimoto,N. Kawasaki, T. Nakamura, S.Tanada, Adsorção de iões fluoreto em materiais carbonosos, J. Colloid Interface Sci. 275 (2004) 35-39.

APHA (1998), 'Standard Methods for the Examination of Water and Wastewater', 20th edition Washington.

BIS (1992), Indian standard specifications for drinking water. IS: 10500, http://hppcb.gov.in/EIAsorang/Spec.pdf..

Brunt R., Vasak L., Griffioen J. (2004), "Fluoride in groundwater: Probabilidade de ocorrência de concentração excessiva à escala global", *IGRAC.*

Central Pollution Control Board (Jan. 1997): ' *Manual for Water Testing Kif.*

Feenstra L., Vasak L., Griffioen J. (2007), "Fluoride in groundwater: Overview and evaluation of removal Methods", IGRAC.

Gupta, K.C. e Singh, M. (2005), "Fluoride concentration in underground water samples in various villages of Bulandshahar district India Ecology Environment Conservation 8(1): 91-94.

Gupta S.K., Deshpande R.D., Agarwal, M. e Raval, B.R. (2005), ' *Origin of fluoride in groundwater in the North Gujarat Cambay region, India',* Hydrogeology Journal 13(4): 596-605.

Hoque, AKM Fazlul, Khaliquzzaman M, Hossain MD, Khand AH (2002), *'Determination of Fluoride in Water Residues by Proton Induced Gamma Emission Measurements',* Fluoride Vol. 35 No. 3 176-184 2002 Research Report.

Jain, C.K., Trivedi, R.C. e Sharma, K.D. (Eds.), Hydrology with focal theme on water quality (pp 255-262), Allied Publishers, New Delhi.

Kumar, R. e Yadav, (2011), *'Correlation of Fluoride with Some Inorganic Constituents In Ground Water in SaidnagarTaluka, Rampur District, Uttar Pradesh, India',* International Journal of Applied Biology and Pharmaceutical Technology, Volume: 2: Issue-1. .

Latha S Suma, Ambika S. R. e Prasad S. J. (Dez. 1998), "Fluoride contamination status of groundwater in Karnataka".

Mathur, R. P. (1993), *"Water and Waste Water Testing"*, Universidade de Roorkee.

Ncube, E J and Schutte, CF (2004), 1The occurrence of fluoride in South African groundwater: A water quality and health problem", *Water SA Vol. 31 No. 1,* http ://www.wrc .org.za. ,

Patel, P. e Bhatt, S.A. (2010), *"Fluoride Contamination in Groundwater of PatanDistrict, Gujarat, India",* International Journal of Engineering Studies, Volume 2, Número 2, pp. 171-177.

Pandey, Pramod Kumar (2004), *GGroundwater contamination around Polluted Waterlogging and Soakpits areas in Sonbhadra City: A Case Study"*, Dissertação de Mestrado em Tecnologia, Departamento de Engenharia Civil, Faculdade de Engenharia Madan Mohan Malaviya, Gorakhpur (U. P.).

Missão Nacional de Água Potável Rajiv Gandhi (1993): '*Water Quality and Defluoridation Techniques'*, Vol. II.

Missão Nacional de Água Potável Rajiv Gandhi (1993): ' *Prevention and Control of Fluorosis in India'*, Vol. I.

Rao, N. Srinivasa (1997), ' *The occurrence and behaviour of fluoride in the groundwater of the Lower Vamsadhara River basin, India'*, Hydrological Sciences-Journal-des Sciences Hydrologiques, 42 (6) December 1997.

Shahid M., Bhandari D.K., Ahmad I. Singh A.P., Raha P. (2008), '*Study on Fluoride content of Groundwater in Jind District, Haryana, India'*, American-Eurasian J. Agric. & Environ. Sci., 4 (6):670-676.

Sharma, Dr. S. K. (2003), *"High Fluoride in Groundwater Cripples Life in Parts of India"*, Diffuse Pollution Conference Dublin.

Sharma B.S., Agrawal J.e Gupta A. K. (2011), *"Emerging Challenge: Fluoride Contamination in Groundwater in Agra District, Uttar Pradesh"*, Asian J. Exp. Biol. Sci. Vol2 (1) 2011: 131134.

Singh A.K., Bhagowati S., Das T.K., Yubbe D., Rahman B., Nath M., Obing P., Singh W. S. K., Renthlei C. Z., Pachuau L. e Thakur R., *"Assessment of Arsenic, Fluoride, Iron, Nitrate And Heavy Metals in Drinking Water of Northeastern India"*, North Eastern Regional Institute of Water and Land Management, Tezpur-784027, Assam, Índia.

Singh, A.K. (2004), ' *Arsenic contamination in groundwater of North Eastern India'*.

Singh, A.K. (2006), ' *Chemistry of arsenic in ground water of Ganges-BrahmputraRiverbasin'*, India, Curr. Sci., 91(5), 1-7.

Rao, S. N. (2008), "Fluoride in groundwater, Varaha River Basin, Visakhapatnam District,Andhra Pradesh, India.", Environmental Monitoring and Assessment, 152, 47-60. doi:10.1007/sl 0661-008-0295-5.

OMS (2006), *"The guideline for Drinking water quality Recommendations"*, Organização Mundial de Saúde, Genebra.

Ali F., Aplicação da metodologia de superfície de resposta para otimizar as variáveis do processo de remoção de iões fluoreto utilizando nanopartículas de maghemite Journal of Saudi Chemical Society (2013),http://dx.doi.org/10.1016/10.010j .j scs.(2013).

M. Amini,K. Mueller, K.C. Abbaspour, T. Rosenberg, M. Afyuni, K.N. MOller, M. Sarr, C.A. Johnson, Statistical modeling of global geogenic fluoride contamnation in groundwaters, EnvironScTechnol. 42 (2008) 3662-3668.

Diretrizes para a Qualidade da Água Potável [Recurso Eletrónico]: Incorporating First Addendum, em: W.H.O. (Ed.),2006, pp. 375-377.

Gaciri, S.J. Davies, T.C. The occurrence and geochemistry of fluoride in some natural waters of Kenya, J. Hydrol. 143 (1993) 395-412.

Czarnowski, W. Wrzesniowska, K. Krechniak, J. Fluoride in drinking water and human urine in Northern and Central Poland, Sci. Total Environ. 191 (1996) 177-184.

Azbar, N. Turkman, A. Defluorination in drinking waters, Water Sci. Technol 42 (2000) 403-407.

Agarwal, M. Rai, K. Shrivastav, R. Dass, S. Deflouridation of water using amended clay, J.

Cleaner Prod. 11 (2003) 439-444.
Ayoob, S. Gupta, A.K. Fluoride in drinking water: A review on the status and stress effects, Crit. Rev. Environ. Sci.Technol. 36 (2006) 433-487.
L.F.M. Wang, J.Z. Huang, Esboço da prática de controlo da fluorose endémica na China, Social Sci. Med. 41 (1995) 1191-1195.
Mjengera, H. G. Mkongo, Appropriate deflouridation technology for use in flourotic areas in Tanzania, Phys. Chem. Terra 28 (2003) 1097-1104.
Diaz-Barriga, F. Navarro-Quezada, A. Grijalva, M. Grimaldo, MLoyola-Rodriguez, J.P. Ortiz, M.D. Endemic fluorosis in Mexico, Fluoride 30 (1997) 233-239.
BIS (1992), Indian standard specifications for drinking water. IS: 10500,
OMS (2006), "The guidelines for Drinking water quality Recommendations", Organização Mundial de Saúde, Genebra , www.gobookee.org/chemistry-for-environmental-engineering-sawyer/ *http://www. academia. edu/221599/Fluoride contammation m groundwater m parts of Nalgo nda district Andhra Pradesh India.*

Printed by Books on Demand GmbH, Norderstedt / Germany